Das Schulwesen

in den

deutschen Schutzgebieten

von

Martin Schlunk
Missions-Inspektor in Hamburg

Hamburg
L. Friederichsen & Co.
(Dr. L. & R. Friederichsen)
1914

Druck von J. J. Augustin in Glückstadt und Hamburg.

Inhaltsverzeichnis.

Einleitung.

Einen genauen Überblick über das Schulwesen in den deutschen Schutzgebieten zu gewinnen, war trotz der Wichtigkeit, die jede Schularbeit, und zumal Schularbeit unter tiefstehenden Völkern hat, bis jetzt eine sehr schwierige und zeitraubende Aufgabe. Wohl hatten sich einige Forscher die Mühe gemacht, zusammenhängende Darstellungen zu geben. So veröffentlichte Pastor Paul im Jahre 1907 in der von Rektor H. Irgang in Merseburg herausgegebenen Zeitschrift „Aus der Schule für die Schule" einen kurzen zusammenfassenden Vortrag über „Das Schulwesen in unsern Kolonien" und der Reichtagsabgeordnete Amtsgerichtsrat Lattmann schrieb im zweiten Heft der kolonialen Abhandlungen über das Thema „Die Schulen in unsern Kolonien". Dann gab Geh. Konsistorialrat Prof. D. Mirbt in seinem aus Vorlesungen am Hamburgischen Kolonialinstitut entstandenen, sehr verdienstvollen Buch: Mission und Kolonialpolitik (1910 Mohr, Tübingen) zum ersten Mal eine etwas ausführlichere Darstellung auch des Schulwesens in den Kolonien, bisher in knapper Zusammenfassung das Beste, was zu dem Thema veröffentlicht worden ist. Ihm folgte im Jahre 1911 in der deutschen Kolonialzeitung mit einer recht guten Artikelserie über das Schulwesen unserer Schutzgebiete der frühere Regierungslehrer Dr. Chr. G. Barth und endlich der Wirkl. Geh. Legationsrat von König mit einer ziemlich eingehenden Darstellung der „Eingeborenen-Schulen in den deutschen Kolonien Afrikas und der Südsee" in der Kolonialen Rundschau Jahrgang 1912/13, die sich besonders dadurch auszeichnet, daß Lehrpläne und Verordnungen über das Schulwesen wörtlich abgedruckt und die zu einer grundsätzlichen Beurteilung wichtigen Gedanken scharf herausgehoben sind.

Alle diese früheren Darstellungen, die durch Abhandlungen und Vorträge über einzelne Gebiete, etwa über die Regierungsschulen ergänzt werden könnten, hatten entweder den Nachteil, zu kurz zu sein, um einen wirklich gründlichen Einblick zu ermöglichen, oder sie beruhten auf nicht zureichenden Informationen. Denn die Quellen, die für das Studium des Schulwesens bisher in Betracht kamen, einerseits die Weißbücher der Regierung bezw. die amtlichen Jahresberichte des Reichskolonialamts, andererseits die Monatsblätter und Jahresberichte der in den Kolonien arbeitenden evangelischen und katholischen Missionen, berücksichtigten das Schulwesen in einer so nebensächlichen Art, daß man oft über die wichtigsten Dinge im Unklaren blieb, und wenn sie einmal Statistik boten, so war die Statistik, ganz abgesehen davon, daß sie für verschiedene Stichtage galt, unter viel zu verschiedenartigen Gesichtspunkten aufgestellt, als daß sie einen wirklich genauen Einblick ermöglicht hätte. Es war daher ein verdienstvoller Gedanke, den das Hamburgische Kolonialinstitut auf Anregen des inzwischen zum Missionsdirektor nnd Professor in Leipzig berufenen Pastors Paul im Jahre 1911 durchführte, durch eine ausführliche Umfrage mittelst Fragebogen den Stand des Schulwesens für einen Stichtag, den 1. Juni 1911, einmal wirklich genau zu ermitteln.

Das Ergebnis dieser Umfrage erscheint gleichzeitig mit dieser Darstellung in den Abhandlungen des Kolonialinstituts.*) Aber während es sich dort um eine sachliche Darstellung des Befundes der Fragebogen in der Reihenfolge der Schutzgebiete handelt, die einen Quellenwert beansprucht und als Nachschlagewerk dienen kann und soll, um eine erste, soweit es möglich war, vollständige Übersicht über alles, was im Schulwesen für die Eingebornen am Stichtage n den Schutzgebieten geleistet wurde, schien es mir erforderlich, gesondert davon eine Einführung in das weit-

*) M. Schlunk, Die Schulen für Eingeborne in den deutschen Schutzgebieten. Bd. XVIII der Abhandlungen des Hamburgischen Kolonialinstituts, Hamburg 1914, L. Friederichsen u. Co. Preis M. 12.—

schichtige Material zu geben, die erstens die für das Verständnis der Zahlen nötigen Tatsachen in gedrängter Kürze, zweitens eine übersichtliche Gruppierung der Ergebnisse der Statistik, und drittens die dem Bearbeiter sich aufdrängenden wichtigsten Folgerungen und Richtlinien für die Weiterarbeit enthalten sollte. Diesem dreifachen Zweck möchte die vorliegende Arbeit dienen, indem sie in vier Kapiteln

1. Die Geschichte und Bedeutung des Schulwesens in den deutschen Schutzgebieten,
2. den gegenwärtigen Bestand,
3. den Schulbetrieb und
4. die Erfolge der Schularbeit

darstellt, um dann in vier weiteren Kapiteln die wichtigsten grundsätzlichen Fragen zu behandeln, nämlich

5. die Sprachenfrage,
6. die Arbeitserziehung,
7. die Stellung der Missionsschulen im Organismus der Schutzgebiete und
8. die Grundzüge einer gesunden Schulpolitik.

Da es sich um eine Einführung handelt, verweise ich für die Einzelheiten ein für alle mal auf die ausführliche Statistik. Wer darüber hinaus über die einschlägigen Fragen selbständige Nachforschungen anstellen will, sei auf die Literaturangabe am Schluß dieses Buches verwiesen.

1. Die Geschichte und Bedeutung des Schulwesens in den deutschen Schutzgebieten.

Längst ehe es deutsche Schutzgebiete gab, hat die Schularbeit in den Gebieten, die schließlich durch das Spiel der Politik deutsch geworden sind, eingesetzt. Es ist, auch ohne daß es im einzelnen nachgewiesen werden müßte oder könnte, von vornherein anzunehmen, daß es außer Kiautschou kein deutsches Schutzgebiet gibt, in dem nicht vor dem Einsetzen der Kolonialära europäisch geleitete Schularbeit getan worden wäre. Denn teils vor teils nach den Pionieren des Handels sind als Bahnbrecher deutscher Kultur die Sendboten des Christentums in jene Länder gekommen, und wo sie sich niedergelassen haben, seit 1830 in Samoa, seit 1842 in Südwest, seit 1845 in Kamerun, seit 1850 in Togo, seit 1852 auf den Karolinen, seit 1855 auf den Marshall-Inseln, seit 1863 in Deutsch-Ostafrika, seit 1875 im Bismarck-Archipel und dann in steigendem Maße seit der Besitzergreifung von 1884 in allen einzelnen Schutzgebieten, haben sie Schulen gegründet und zum Teil ordentliche Schulsysteme mit hohen Schulzielen und erstaunlichen Lehrerfolgen entwickelt. Dabei handelt es sich ebenso gut um evangelische, wie um katholische Missionen und ebenso gut um deutsche, wie um nicht-deutsche Gesellschaften. So finden wir, um zunächst in der vorkolonialen Zeit zu verweilen, von nicht-deutschen evangelischen Missionen in Togo die englischen Wesleyaner, in Kamerun die englischen Baptisten, in Südwestafrika im Amboland die Finnische Missionsgesellschaft, in Ostafrika die hochkirchliche britische Universitätenmission neben der britischen Kirchenmissionsgesellschaft, der größten aller evangelischen Missionsgesellschaften, in Neu-Guinea die australischen Methodisten und die große congregationalistische Missionsgesellschaft von Boston, die man kurz als American Board zu bezeichnen pflegt, in Samoa endlich die Londoner Missionsgesellschaft und wieder die australischen Methodisten! Und ebenso zeigt die katholische Mission, indem sie nach Ostafrika die ursprünglich französischen Väter vom heiligen Geist und die zum Teil heute noch aus Franzosen sich ergänzenden Weißen Väter des Cardinals Lavigerie, oder nach dem Bismarck-Archipel die französischen Missionare vom Heiligsten Herzen Jesu und die Lyoner Maristen, auf die Karolinen und Marianen die ursprünglich spanischen Kapuziner entsandte, um nur die wichtigsten zu nennen, daß die Missionsarbeit beider Konfessionen unabhängig von kolonialen und nationalen Tendenzen sich ihre Wege gesucht hatte, lediglich um ihre Zwecke zu verfolgen und die Stämme, zu denen sie kam, zu missionieren.

Schon aus dieser Tatsache geht deutlich hervor, daß die von den Missionaren gegründeten Schulen nach ihrem Zweck und nach ihrem Aufbau nicht vom nationalen Standpunkt aus oder gar unter dem Gesichtspunkt technischer Fachbildung beurteilt werden dürfen, sondern als missionarische Einrichtungen zu werten sind. Wir haben deshalb zu fragen: Was treibt die Missionen zur Schularbeit? Dabei können wir aller Verschiedenheiten ungeachtet die evangelischen und die katholischen Missionen als eine Einheit nehmen, denn beider Interessen sind, wenn man sie nach ihrem Ideal mißt, wesentlich dieselben. Beiden liegt es daran, die Völker, zu denen sie kommen, für das Christentum zu gewinnen, also auf den Einzelnen gesehen, Christen von möglichster Vollendung zu erziehen, und auf das Ganze gesehen, die christliche Kirche nach dem ihnen vorschwebenden Ideal im heidnischen oder mohammedanischen Neuland zu konstituieren. Für diesen doppelten Zweck ist der evangelischen wie der katholischen Mission die Schule ein unentbehrliches Hilfsmittel, und zwar zunächst in seiner wichtigsten Form, der für die breiten Massen bestimmten Volksschule. Dabei ist zwar ein Unterschied zwischen den Konfessionen, insofern als die evangelische Mission bei ihrer Betonung der Subjektivität und des Individuums den größeren Nachdruck auf die Ausbildung einzelner christlicher Charaktere, die katholische Mission um ihrer kirchlichen Orientierung willen den größeren Nachdruck auf die Gewinnung dauernden Einflusses und die Geltendmachung ihrer in Jahrhunderten erprobten volkserzieherischen Macht legt. Dennoch sehen sich die von beiden Konfessionen gegründeten Volksschulen bis auf den Religionsunterricht sehr ähnlich, denn sie bieten beide die Elemente des Wissens, Lesen, Schreiben, Rechnen, in dem bescheidenen Maße, wie es für eine sehr einfache ländliche Bevölkerung angebracht ist, und zwar in der Volkssprache. Volkserziehung in einer Fremdsprache und Charakterentwickelung, die nicht volkstümlich wäre, wären ein Widerspruch in sich. Professor Schmidlin, dessen eben erschienenes und glänzend ausgestattetes Buch „Die katholischen Missionen in den deutschen Schutzgebieten" zum ersten Mal einen guten Überblick über die koloniale Missionsarbeit des deutschen Katholizismus bietet, sagt über die Stellung der katholischen Mission zur Schule: „Als hauptsächlichster Erziehungshebel dient der katholischen Mission die Schule, der sie daher eine ganz besondere Aufmerksamkeit und Sorgfalt zuwendet. In der Schule erblickt sie vorab ein Mittel für ihren religiösen Zweck, die individuelle und soziale Christianisierung, in zweiter Linie eine Pflanzstätte zur Heranziehung ihrer Mitarbeiter aus der Eingeborenenwelt. Durch die Schule gewinnt sie das heranwachsende Geschlecht und damit die Zukunft; da kann sie die Jugend nach den christlichen Grundsätzen zu einer neuen Generation umschaffen und umformen, während die Alten gewöhnlich nur äußerst schwer ihren heidnischen Gewohnheiten zu entreißen sind." Der Wert der Schularbeit für diesen doppelten Missionszweck, die Erziehung der Jugend und die Gewinnung von Mitarbeitern aus den Eingeborenen, wird von der katholischen Mission zur Zeit so stark betont, daß die Schule gelegentlich für Westafrika geradezu „das Missionsmittel" genannt werden konnte. Wie sich andrerseits für die evangelische Missionsarbeit die Schularbeit in den Missionsbetrieb grundsätzlich einordnet, hat Gustav Warneck folgendermaßen formuliert: „Zur kirchlichen Selbstverwaltung gehört ein angesehener und einflußreicher eingeborener Pastorenstand und eine zur Selbstregierung gereifte Laienschaft. Weder den einen noch die andere vermögen wir zu gewinnen, ohne daß das gesamte Volk auf ein gewisses Bildungsniveau gehoben wird, und diese Volksbildung ist nicht möglich ohne die erziehende Volksschule. Wie sich heute ohne diese Schule der christliche Volkscharakter nicht erhalten läßt, so läßt sich ohne sie auch keine Volkschristianisierung ins Werk setzen. Es wäre eine kurzsichtige Beschränktheit, den inneren Zusammenhang zwischen dem religiös-sittlichen und dem geistigen Leben einer Nation nicht pflegen zu wollen."

Aus den Worten beider Missionsautoritäten geht ohne weiteres hervor, daß die Missionen ein sehr lebhaftes Interesse haben, an die Volksschulen höhere Schulen anzugliedern, die in Lehrerbildungsanstalten und Predigerseminaren ihren krönenden Abschluß finden. So entstanden, ehe die deutsche Kolonialära einsetzte, in den jetzigen Schutzgebieten hin und her „Mittelschulen" sowie Lehrer- und Predigerseminare. Der Gedanke der Volksschulen war weiter geführt zu gehobenen und Fachschulen. Und auf diesen gehobenen und Fachschulen fand aus einem doppelten Motiv heraus fremdsprachlicher Unterricht seine Stelle, einmal im Interesse des Handels und der Kolonisation, die Eingeborne mit Kenntnis europäischer Sprachen fordern, und dann im Interesse der Mission, die ihren künftigen Lehrern und Geistlichen die geistige Zurüstung nicht immer in der Eingebornensprache geben kann, sondern zu dem Zweck auf die Heimatquellen zurückgreifen muß. So wurde in allen Mittelschulen englischer Missionen Englisch, bei den Franzosen Französisch, bei den Deutschen Deutsch, mitunter auch Englisch als Unterrichtsgegenstand eingeführt, und der Gedanke, der bei der Auswahl der Fremdsprachen leitete, war der:

wie dienen wir dem Interesse unserer Schüler und unserem eigenen Interesse am besten.

Man muß sich diese Entwicklung gegenwärtig halten, um zu verstehen, daß bei der kolonialen Besitzergreifung etwa in Samoa oder in Togo oder in Kamerun die Schulen Englisch als Lehrgegenstand eingeführt hatten und nun unter dem Gesetz der Beharrung, vielleicht auch noch aus anderen Erwägungen heraus nicht imstande und willens waren, das Englische sofort mit dem Deutschen zu vertauschen. Die evangelischen Missionsgesellschaften sind ja ebenso wie die katholischen Orden der Regel nach selbständige Körperschaften, die ihre Selbständigkeit entschieden festhalten, um ihre Arbeit lediglich nach eignem Ermessen treiben zu können.

Immerhin war die Schularbeit in den Schutzgebieten bei der Hissung der deutschen Flagge noch recht bescheiden. In Togo, Kamerun und Südwest lag sie ausschließlich in den Händen evangelischer Missionen, während sich in Ostafrika zwei englische Missionen und mehrere katholische Orden in die Arbeit teilten. In der Südsee und Samoa war vor allem die Arbeit der methodistischen Missionsgesellschaft für Australasien, die ihren Sitz in Sydney hat, und die mit einem trefflichen Lehrer- und Predigerseminar in Malua abschließende Schultätigkeit der London Missionary Society auf Savaii und Upolu von größerer Bedeutung. Kiautschou war noch ohne Schule.

Da brachte das Jahr 1884 und die nun Zug um Zug erfolgende Besetzung der jetzt deutschen Gebiete für die Schularbeit dort eine Wendung in doppeltem Sinne. Einmal gewann, wie die gesamte Missionstätigkeit, so auch ihre Schularbeit eine bewußt nationale Färbung, die Schulen wurden zu Pflegstätten deutscher Art und allmählich deutscher Sprache. Und zweitens beteiligte sich alsbald die deutsche Regierung durch Gründung von Regierungsschulen an der kolonialen Schularbeit, ein Schritt, dessen große Bedeutung für die Entwickelung des Schulwesens ungeachtet der kleinen Zahl der Regierungsschulen je länger desto deutlicher wurde.

Die Regierungsschule unterscheidet sich in ihrer Zweckbestimmung, in ihren Arbeitsmitteln und durch die ihr anhaftende autoritative Stellung ganz wesentlich von den Missionsschulen. Der Regierung konnte es zunächst nur darauf ankommen, eine Reihe von Eingebornen zum Verständnis der deutschen Sprache zu erziehen und sie so weit zu bilden, daß sie als Dolmetscher, Schreiber, Polizeisoldaten, später als Beamte im niedersten Post-, Eisenbahn- und Zolldienst Verwendung finden konnten, und da die Regierung infolge der religiösen Spaltung im deutschen Volke von vornherein verpflichtet war, auch in ihrer Schularbeit eine religiös neutrale Stellung einzunehmen, so mußte der Religionsunterricht in den Regierungsschulen von vornherein fortfallen, die Förderung der deutschen Sprache dagegen die Hauptsache sein. Ganz deutlich, vielleicht zu Anfang den Beteiligten unbewußt, war der Gedanke der Fachbildung, im Gegensatz zu dem auf den Missionsschulen herrschenden Gedanken der Charakterbildung, an die erste Stelle gerückt.

Die Frage aber, ob man in den jungen Kolonien überhaupt Schulen haben wollte oder ob die Eingeborenen für eine Schulbildung reif und empfänglich wären, wurde garnicht gestellt, einfach, weil die Tatsachen die Frage bereits beantwortet hatten und es allen kolonisierenden Faktoren selbstverständlich war, daß eine gründliche und auf die Dauer erfolgreiche Kolonisation ohne Schularbeit undenkbar wäre. Hatte doch die Generalakte der Berliner Konferenz vom 8. November 1884, die sogenannte Kongoakte, in ihrem sechsten Artikel bestimmt: „Alle Mächte, welche in den bezeichneten Gebieten" — die Kongokonferenz behandelte bekanntlich die rechtlichen Grundlagen der Kolonisierung Afrikas überhaupt — „Hoheitsrechte oder einen Einfluß ausüben, verpflichten sich, auf die Erhaltung der eingebornen Völkerschaften und auf die Verbesserung ihrer sittlichen Zustände und materiellen Lebensverhältnisse acht zu haben und an der Unterdrückung der Sklaverei und insbesondere des Negerhandels mitzuwirken; sie werden, ohne Unterschied der Nationalität oder der Kulte, alle Einrichtungen und Unternehmungen religiöser, wissenschaftlicher oder mildtätiger Art, welche zu diesen Zwecken errichtet sind, oder dazu dienen, die Eingebornen zu unterrichten und ihnen die Vorteile der Zivilisation verständlich und schätzenswert zu machen, beschützen und begünstigen." Im Lichte dieser völkerrechtlichen Abmachung war die Anerkennung und Förderung der in den neuen Kolonien vorhandenen Schularbeit ebenso selbstverständlich wie notwendig.

Es war aber sehr klug und wertvoll, daß die Regierung, als sie ihrerseits Schularbeit begann, dazu einen Mann berief, der den Missionen nahestand. Seinen Namen hier zu nennen, ist um so mehr Pflicht, als er, der erste deutsche Reichsschulmeister, wie man ihn scherzhaft genannt hat, sein Leben für die Schule in den Kolonien dahingegeben hat. Benjamin Theodor Christaller, geb. am 2. Januar 1863 in Waiblingen in Württemberg, war der Sohn eines durch die Erforschung der Tschi-Sprache auf der Goldküste bekannt gewordenen Baseler Missionars. Zum Lehrer ausgebildet, wurde er 1886 nach Kamerun berufen, wo er in einem Leben, das die reiche Romantik kolonialer Pionierarbeit spiegelt, die Schule in Bonamandone gebaut, die Grundlinien für das Regierungsschulwesen mindestens der afrikanischen Kolonien entwickelt und mit fröhlichem Mut und viel Entsagung als echter Idealist seine Kräfte verzehrt hat. Eine einzige Stelle aus einem seiner Briefe mag ihn charakterisieren und zugleich einen Einblick in die Schwierigkeiten geben, die in den Anfangszeiten kolonialer Entwicklung mit dem Bau eines Europäerhauses verbunden sind, denn damit ist zugleich ein wichtiges Stück der Geschichte des Schulwesens in den Kolonien gezeichnet. Als Christaller sein erstes Schulhaus, das man ihm aus der Heimat geschickt hatte, aufgestellt hatte, rief er mit Walther von der Vogelweide aus: „Ich hab' ein Lehen, alle Welt!

Ich hab ein Lehen. Ich hab ein Schulhaus, alle Welt! und einen Garten! Zwar ehrlich verdient hab ich's. Gewartet und wieder gewartet, dann gelandet, riesige Balken, Türen, Gitter, — ohne Maschinen, bloß mit Menschen, faulen tappigen Kameruner Drückebergern, den Berg heraufgeschleppt auf einem sogenannten Weg, den Bauplatz noch mit sieben weiteren Palavern festgestellt, dem Baumeister geholfen, Arbeiter gemietet, wieder rausgeschmissen, wieder neue gemietet, jedesmal mit riesigem Stimmaufwand, — Kiesel- und Sandlieferungen besorgt, Dachpappe gestrichen, eigenhändig den Schwarzen vorgemacht, weil sich sonst kein Sachverständiger auf das überhängende Dach hinaustraute, Teer ausgegangen, Dachpappe ausgegangen, fehlende Balken, falsch geschnittene Fensterscheiben, mangelnde Werkzeuge, zu wenig Nägel, zu kurze Dachrinne, — kurzum, Ihr macht Euch in Europa keinen Begriff, wie man in Afrika baut! Na, jetzt ist die Geschichte im allgemeinen beisammen. Es regnet zwar noch durchs Dach herein, die Rinnen speien Wasser, wo sie nicht sollten, die Fenster und Türen schließen nicht, es ist noch keine Küche da; aber ich habe doch mein eigenes Haus, einen wahren Palast für afrikanische Verhältnisse, und fühle mich reich wie ein König". Am 13. August 1896 ist der kerndeutsche Mann, nachdem er noch die zweite Regierungsschule in Kamerun hatte entstehen sehen und sich durch seine Schulbücher in der Duala-Sprache sowie durch eine deutsche Sprachlehre um die weitere Entwicklung des Schulwesens ein Verdienst erworben hatte, dem Schwarzwasserfieber erlegen. An seinem Grabe sagte der Vertreter der Regierung: „Was Kamerun heute von deutscher Art an sich trägt, das verdanken wir vor allem ihm". Das war ein hohes Lob, es galt dem Manne, es galt seinem Lebenswerk, der deutschen Schule in der deutschen Kolonie.

Es kann nun nicht meine Aufgabe sein, nachzuweisen, wie stark der koloniale Gedanke das deutsche Missionsleben in beiden Konfessionen beeinflußt hat und wie eine Missionsgesellschaft nach der anderen mit der Missionsarbeit und damit ohne weiteres mit der Schularbeit in den Kolonien einsetzte. In den 30 Jahren der kolonialen Geschichte entwickelte sich das Missions- und Schulwesen zu einer schon jetzt imponierenden äußeren Größe; zählt doch die Statistik für den 1. Juni 1911 2710 Schulen und Lehranstalten für praktische Arbeit mit 781 weißen und 3414 farbigen Lehrkräften und insgesamt 149528 Schülern. Es wird hier vielmehr darauf ankommen, die Grundzüge der Entwicklung zu zeigen, die die innere Ausgestaltung des Schulwesens beeinflußt haben.

Einerseits sind es die innermissionarischen Grundzüge, die dadurch gegeben sind, daß Missionsarbeit immer zu Gemeindebildung und zu Kirchengründung führt, die beide ohne Schule unmöglich sind; andererseits sind es aber außermissionarische Grundzüge.

Schon durch die Tatsache, daß in einer Kolonie Missions- und Regierungsschulen nebeneinander standen, war ein vorwärtstreibendes Element für die Missionsschulen gegeben. Die Regierungsschulen wurden von ausgesucht tüchtigen, pädagogisch gründlich durchgebildeten Lehrern geleitet; sie verzichteten ganz auf den Hauptlehrstoff der Missionsschulen, den Religionsunterricht. Die damit gegebene Überlegenheit der Regierungsschulen reizte die Missionsschulen, es jenen im Erfolg möglichst gleich zu tun; der Wetteifer erwachte und kam den Missionsschulen zu gute!

Wichtiger aber war, daß die deutschen Gouverneure von den französischen und englischen Nachbarn lernen konnten, wie man Schulpolitik treibt, oder besser, von den französischen, wie man sie nicht treibt, und von den englischen, wie man sie treibt. Die Engländer hatten ja in Indien, Nigerien, auf der Goldküste, in Südafrika sehr reiche Erfahrung. Allerdings ist die Schulpolitik der Engländer durchaus nicht einheitlich. Die einzelnen Gouverneure haben sehr viel Freiheit und die Schulsysteme Indiens sind mit denen Südafrikas oder mit denen der Goldküste nicht ohne weiteres vergleichbar. Nur in dem Grundprinzip besteht Übereinstimmung, daß die britischen Kolonialregierungen den Missionsschulen einen recht beträchtlichen Zuschuß geben, dessen Zahlung und Höhe von der Führung bestimmter Listen und Bücher, von der Einhaltung des vereinbarten Lehrplanes uud von den Ergebnissen einer von der Regierung selbst abgenommenen Prüfung, zu einem guten Teil überdies noch von freiwilligen Extraleistungen abhängig ist. Also die Regierung fördert die Schule, aber sie fordert auch etwas von ihr.

Damit war für die deutschen Gouverneure der Weg gewiesen. Sie gaben für die Schularbeit unter verschiedenen Modifikationen Zuschüsse und versuchten zugleich, zunächst in Form von Abreden und Vereinbarungen, auf die Gestaltung des Lehrplans und des Unterrichts Einfluß zu gewinnen. Dabei kam ihnen zum Teil noch der Umstand zu Hilfe, daß verschiedene Missionen, womöglich verschiedenen Bekenntnisses, in einer Kolonie, vielleicht gar an einem Schulort nebeneinander bestanden, und infolgedessen der Wetteifer geweckt und der Schulerfolg in dem der Regierung erwünschten Sinne langsam aber sicher und unausweichlich in die Höhe getrieben werden konnte, und zwar in um so stärkerem Grade, als die Regierung im Lande an Ansehen gewann. So erklärt sich das fast zu schnelle Aufblühen des Schulwesens in Togo und manche ähnliche Entwicklung in anderen Kolonien.

Ein dritter Faktor hat endlich neben dem Wettbewerb der Regierungsschulen und neben den zum Teil recht erfolgreichen Versuchen der Kolonialregierungen, auf die Missionsschulen einzuwirken, vielleicht wieder den verantwortlichen Stellen unbewußt, auf die innere Ausgestaltung des Unterrichts, auf Lehrplan und Lehrmethode der Missionsschulen Einfluß gewonnen, und das ist das schnelle Vordringen der Zivilisation. Wo die Eisenbahn ihre Schienen streckt und der Telegraph seine Drähte spannt, wo man das Grammophon wimmern und das Maschinengewehr knattern hört, wo das Automobil sich als Verkehrsmittel einbürgert und wo die Telefunkenmasten ragen, da ist es mit dem Idyll einer weltabgelegenen Schulmeisterei, die sich nur nach den eigenen Gedanken richtet, rettungslos vorbei, weil in der Jugend der Bildungstrieb aufwacht und das Fragen beginnt und die neue Zeit das Volk aufrüttelt und Lebensenergien weckt, die dringend der Leitung bedürfen. Das ist aber oder wird doch in kürzester Frist die Situation in den von den Schulen bereits erreichten Gebieten unserer Schutzgebiete.

Es ist ja für die, die von der Heimat aus unsere koloniale Arbeit verfolgen, kaum möglich, sich vorzustellen, in welcher Geschwindigkeit die Kolonisation vorwärts dringt und wie sie den Charakter des Landes und seiner Bewohner verwandelt. Darauf müssen die kolonialen Schulen Rücksicht nehmen. Der Missionar im Busch muß seinen Schülern Rede und Antwort stehen über Elektrizität und Dampf und alle Errungenschaften der Neuzeit. So wird auch die Missionsschule weltoffen und aus einer Anstalt, die zunächst nur den Interessen der Mission dienen sollte, eine öffentliche Anstalt von weitreichender Bedeutung.

Das gilt vollends, wenn man schließlich bedenkt, wie einige unserer Kolonien, ich denke an Kiautschou vor allem, aber auch an Togo, an Stellen der Erde liegen, wo andere Mächte, dort Amerika, hier England, sich in nächster Nachbarschaft bemühen, den Eingeborenen alle Gefilde der Wissenschaft zu erschließen. Würden wir da zurückbleiben, wir würden bald den Schaden davon haben. Nur indem unsere kolonialen Schulen, die Missions- wie die Regierungsschulen, auf diese tatsächlichen Verhältnisse mit nüchternem Urteil und der Weisheit des rechten Erziehers Rücksicht nehmen, werden sie imstande sein, die Eingeborenen unsrer Schutzgebiete in der Weise zu lenken, wie es des deutschen Vaterlandes würdig und für die deutsche Kolonialwirtschaft wünschenswert ist.

So führt der Überblick über die treibenden Kräfte in der geschichtlichen Entwicklung unserer kolonialen Schulen von selbst zu der Erkenntnis, daß diesen Schulen eine Bedeutung zukommt, die weit über ihren eigenen Zweck hinausliegt.

Gewiß, ihren eigenen Zweck behalten sie. Die Missionsschulen, auch wenn sie deutschen Unterricht erteilen und ihre Schüler einer Regierungsprüfung unterstellen, bleiben doch Anstalten im Dienste der Mission. Nicht als ob sie Bekehrungsanstalten wären. Das darf man weder den katholischen noch den evangelischen Schulen nachsagen. Den katholischen nicht, weil das Streben der katholischen Kirche dahin geht, sich den Menschen in möglichst früher Jugend, also möglichst schon ehe er in die Schule kommt, durch die Taufe zu gewinnen, den evangelischen nicht, weil sie sich ängstlich hüten, die Taufe durch ungesunde Treiberei zu beschleunigen und deshalb aus inneren Gründen einen sehr viel höheren Prozentsatz heidnischer Schüler zählen als die katholischen Schulen. Nein, die Missionsschulen sind nicht Bekehrungsanstalten. Ihre Bedeutung liegt darin, daß sie das aufwachsende Geschlecht unter ihren Einfluß stellen und befähigen, künftig am kirchlichen Leben mit Bewußtsein teilzunehmen. Die gehobenen Schulen dienen dann den Missionen zur Heranziehung einer etwas gebildeteren Mittelschicht, aus der sich die leitenden Persönlichkeiten herausentwickeln sollen, denen, soweit es sich um Lehrer und Prediger handelt, die Seminare die abschließende Fachausbildung geben.

Aber über diesen eigentlichen Missionszweck hinaus sind die Missionsschulen wie die Regierungsschulen, um eine vom „Kunstwart" kürzlich vorgeschlagene Begriffsunterscheidung aufzugreifen, Pflegestätten der Kultur innerhalb der vordringenden Zivilisation. Es ist ja unausbleiblich, daß, wo die alte und neue Zeit so machtvoll zusammenstoßen, wie in unseren Kolonien, die Findigen und die Geweckten nach den Gütern der neuen Zeit, nach den Errungenschaften unserer Technik greifen. Sie kleiden sich europäisch, sie mühen sich, deutsch zu lernen, sie kaufen sich Lehnstühle und Sofas, Bilder und Lampen, sie essen von Tellern mit Messer und Gabel, mit einem Wort: sie werden zivilisiert, wenn sie nicht, was in englischen Kolonien häufig, in deutschen zum Glück nur selten beobachtet werden kann, zur Karikatur werden. Beides aber kann uns nicht genug sein. Die äußere Umwandlung ändert den Charakter, ändert das Wesen nicht. Der wahre Fortschritt, der auf die Dauer Werte schafft, wirtschaftliche wie ethische, ruht nur bei den Menschen, die sich die äußeren Güter der Zivilisation innerlich angeeignet haben. Und das meine ich, wenn ich die Schulen in unseren Kolonien Pflegestätten der Kultur innerhalb der vordringenden Zivilisation nenne. Sie sollen nicht nur einigen wenigen die Fachbildung vermitteln, die sie heraushebt aus der Masse ihrer Volksgenossen, sondern sie sollen ein Geschlecht heranbilden, das mit Bewußtsein die neue Zivilisation innerlich aufnimmt. Sie sollen ein Gegengewicht bilden gegen die zersetzenden Kräfte, die von der vordringenden Zivilisation leider unvermeidlich aber unaufhaltsam ausgehen. So wird die Schule zur Trägerin ethischer Werte und wahrer Kultur in einer Zeit einer entscheidenden Wandlung im Volksleben und Volkscharakter. Für die Missionen ist diese erzieherische Bedeutung ihrer Schulen selbstverständlich. Sie können ihn aber nur dann zur Geltung bringen, wenn man ihren Lehrplänen nicht etwas aufzwingt, was ihnen fremd ist. Und diese Gefahr droht, sobald das wachsende Bedürfnis nach einer Fachausbildung für subalterne eingeborene Regierungsbeamte und kaufmännische Angestellte dazu verführt, der Fachbildung zu ungunsten der Charakterbildung zu viel Rechnung zu tragen. Der Schwerpunkt der kolonialen Schularbeit muß um der Eingeborenen, um der Kolonien, um unseres deutschen Volkes willen dauernd in der Erziehung und nicht im Unterricht ruhen, damit aus den Missionsschulen wie aus den Regierungsschulen Männer und Frauen hervorgehen, die ihrem Volk in jeder Hinsicht, auch in sittlicher, Halt und Führer sein können. Diesen Dienst meinen die Missionsschulen durch die religiöse Fundierung, die sie ihrer Erzieherarbeit geben, am besten leisten zu können. Man lasse sie darum, wie sie sind, unterstütze sie soviel wie möglich und wehre ihnen nur, wenn sie wirklich einmal auf verkehrte Bahn geraten sollten. Es mag ja sein, daß auch für unsere Kolonien einst die Zeit kommt, wo die von der Kirche angefangene Schularbeit von ihr gelöst und die Schule zu einer Staatsanstalt gemacht wird. Die ersten kleinen Ansätze zu einer solchen Entwicklung sind heute, nach 30 Jahren, schon zu beobachten. Diese Ansätze aber in Treibhausentwicklung zu einer frühzeitigen Reife zu bringen, wäre ein schwerer Schaden und eine Verkennung der Bedeutung, die der selbständigen Missionsschule in dem gegenwärtigen Entwicklungsstadium unserer Kolonien neben der Regierungsschule zukommt. —

2. Der gegenwärtige Bestand.

Die vom Hamburgischen Kolonialinstitut veranstaltete Umfrage nach dem Stande der Schulen in den Kolonien am 1. Juni 1911 erstreckte sich nur auf Schulen für Eingeborene. Es entspricht aber der Wichtigkeit des Gegenstandes, wenn wir, ehe wir die Ergebnisse jener Umfrage betrachten, der Europäerschulen mit einigen Worten gedenken. In Togo und Kamerun ist die Zahl der Europäerkinder zu klein, als daß die Anlegung von Europäerschulen lohnte. Das liegt am Klima, das einer europäischen Siedelung nicht günstig ist. In allen anderen Kolonien finden wir welche, und zwar ist, soweit ich sehe, für sie in Ost- und Südwestafrika und in Kiautschou das Prinzip, nur europäische Kinder aufzunehmen, streng durchgeführt, während in der Südsee die Europäerkinder sicher mit den Mischlingen, vielleicht auch mit reinen Eingebornen dieselben Schulen besuchen.

Südwestafrika hat 20 Europäerschulen, neunzehn unter Leitung des Gouvernements, das die Eingebornenschulen ganz den Missionen überlassen hat, und eine in Windhuk unter Leitung der katholischen Mission. Unter den Schulen befindet sich eine höhere Knabenschule in Swakopmund und eine Realschule in Windhuk. Es wurden am 31. März 1912 4 Oberlehrer, 15 Lehrer, 15 Lehrerinnen, 361 Schüler und 310 Schülerinnen gezählt. Diese Zahlen sind ein Beweis dafür, wie stark Südwestafrika nach dem Aufstand, besonders seitdem die Diamanten gefunden worden sind, von Europäern besiedelt worden ist. In Ostafrika sind die Siedelungsverhältnisse viel ungünstiger. Immerhin gibt es dort auch schon 7 solcher Schulen, 4 der Regierung und 3 den Missionen gehörend. 5 Lehrer, davon einer im Nebenamt, unterrichteten die 72 Kinder der Regierungsschulen, die nach Volksstämmen zu den Deutschen, Buren, Syrern, Griechen und Russen gehörten. Die 3 Missionsschulen waren ein Kindergarten in Daressalam mit 20 Kindern, die Karlsschule der Berliner Mission in Tandala mit 16 und die Schule der Bielefelder Mission in Mlalo mit 10 Kindern. In Neu-Guinea haben die Schwestern vom Heiligsten Herzen Jesu im Vunapope auf der Gazelle-Halbinsel ein Pensionat für weiße und halbweiße Kinder, dem eine Bewahranstalt und eine Haushaltungsschule angegliedert ist, und die Liebenzeller Mission berichtet von ihren Schulen auf Mokil und Ngatik, die zu den Ost-Karolinen gehören, daß sie teilweise der weißen Haut dienten. Da nach Recht und Empfinden des deutschen Volkes Mischlingskinder den Eingebornen zugerechnet werden, sind die Schulen für halbweiße Kinder in der Statistik des Kolonialinstituts als Eingebornenschulen gerechnet. Sie mußten aber schon in diesem Zusammenhang erwähnt werden. Auch die Regierungsschule für Weiße und Mischlingskinder auf Samoa hätte zu den Eingebornenschulen gerechnet werden müssen, schon weil die Zahl der Mischlinge die der Weißen stark überwiegt (1911 14 Weiße, 127 Mischlinge, 1912 insgesamt 124 Schüler). Reine Europäerschulen sind dann wieder die Höhere Mädchenschule der Franziskanerinnen in Kiautschou mit 9 Lehrkräften und 30 Schülerinnen sowie endlich das mit Recht eine deutsche Musterschule genannte Reform-Realgymnasium des Gouvernements in Tsingtau, das jetzt bereits von etwa 200 Schülern und Schülerinnen aus ganz Ostasien besucht wird und an dem 13 Lehrer und Lehrerinnen, darunter 8 akademisch gebildete, unterrichten. Es umfaßt drei Vorschulklassen und die Klassen von Sexta bis Untersekunda, deren Absolvierung seit 1908 die Schüler zum einjährig-freiwilligen Dienst berechtigt, und erweist sich unter Leitung seines Direktors, Professor Tuczeck, als eine gediegene Pflanz- und Pflegestätte deutschen Geistes und deutscher Tüchtigkeit im fernen Osten.

Wir wenden uns nun zu den 2258 Fragebogen, die beantwortet auf die Rundfrage des Kolonialinstituts wieder eingegangen sind. Ihr Gesamtergebnis, 2710 Schulen, 781 weiße Lehrkräfte, 3414 farbige Lehrkräfte und 149528 Schüler, ist heute schon überholt. Die aus Anlaß der Nationalspende zum Regierungsjubiläum des Kaisers veranstalteten Erhebungen haben ergeben, daß die Zahl der Schulen von 2710 auf 3195 gestiegen ist. Die Zahl der Schüler muß, wenn jene Angaben zuverlässig sind, heute bereits statt auf 150000 auf 167000 angegeben werden. Allein da für die jüngere Statistik alle genauen Unterlagen fehlen und es für einen großen Überblick auf Vergleiche und darum gleichwertige Zahlen ankommt, bleibe ich bei den von mir ermittelten Zahlen, obwohl ich weiß, daß auch sie von absoluter Zuverlässigkeit noch weit entfernt sind. Manche Missionen haben es überhaupt nicht für nötig gehalten, zu antworten. Da galt es, die möglichst zuverlässigen Zahlen anderweit zu ermitteln. Ebenso bei denen, die bei Aussendung der Fragebogen übersehen worden waren. Bei anderen Missionen sind recht empfindliche Lücken in der Berichterstattung festzustellen, die auszufüllen sich meist als unmöglich erwies. Aber alle diese Mängel treten hinter dem einen zurück, den ich bei dem Versuch, das Ergebnis der Fragebogen zu ermitteln, immer wieder als den bedenklichsten empfunden habe: Es fehlt an einer Einheit in der Bezeichnung der Schulen. Schulen gleicher Höhenlage mit gleichen Anforderungen werden von der einen Schulleitung als Elementarschulen, von der anderen als gehobene Schulen bezeichnet. Kinderbewahranstalten, die zwei bis sechsjährige Kinder sammeln, werden als Schulen gerechnet, und Lehranstalten für praktische Arbeit als voll gezählt, bei denen die Zahl der Lehrer größer ist als die Zahl der Schüler und bei denen zu vermuten ist, daß es sich kaum um selbständige Anstalten, sondern um besondere Unterrichtszweige einer regelmäßigen Schule handelt. Dazu kommen endlich Rechenfehler und offenbare Mißverständnisse, die einen bei der Bearbeitung oft vor fast unlösbare Rätsel stellten. Da es versäumt worden war, bei Aussendung der Fragebogen einen Kommentar mitzuschicken, der Mißverständnisse möglichst ausschloß, blieb gar nichts übrig, als den von den Fragebogen gegebenen Bestand, wo er nicht offenbar falsch war, zunächst einmal anzuerkennen. Mag eine zweite Rundfrage, die etwa nach 8 Jahren erwünscht sein wird, die jetzt gesammelten Erfahrungen und Wünsche berücksichtigen, dann wird die zweite Statistik noch zuverlässiger als die erste werden.

Also 2710 Schulen für Eingeborene gab es am 1. Juni 1911, auf den sich alle künftigen Angaben beziehen, in den Schutzgebieten. Davon gehörten 1682 der evangelischen Mission, 916 der katholischen und 112 der Regierung. Von der gesamten Schularbeit fallen also 62 Prozent auf die evangelische Mission, 34 Prozent auf die katholische und der Regierung bleibt der kleine Rest von 4 Prozent. Diese Verhältniszahlen bleiben nahezu gleich, wenn man die eingeborenen Lehrkräfte in Rechnung stellt, deren die Regierung 176, die katholische Mission 1035, die evangelische 2203 zählt. Auch hier ist die evangelische Mission mehr als doppelt so stark wie die katholische und mehr als 10 mal so stark wie die Regierung. Die Verhältniszahlen ändern sich aber, wenn man die Schülerzahl, und in geradezu überraschender Weise, wenn man die Zahl der weißen Lehrkräfte vergleicht. Auf 83 000 Schüler der evangelischen Mission — ich lasse die letzten Ziffern fort — kommen 59 000 der katholischen und 7 000 der Regierung. Die katholische Mission hat also weniger aber stärker besuchte Schulen. Und die europäischen Lehrkräfte? Neben die 315 evangelischen stellt die katholische Mission 410 und die Regierung 56, das sind in Prozentzahlen nur 41 für die evangelische Mission, 52 für die katholische und 7 für die Regierung. Man sieht aus diesen Vergleichen, was für die Art der Arbeit sehr charakteristisch ist, daß die Regierung im Verhältnis am stärksten mit europäischen Lehrkräften arbeitet, während die evangelische

Mission in dieser Beziehung hintenansteht, dafür aber in der Zahl der eingeborenen Hilfsarbeiter an der Spitze marschiert. Dabei sind jedesmal alle der betreffenden Schulleitung unterstehenden Schulen mitgerechnet. Evangelische Mission, katholische Mission und Regierung bilden aber nicht je eine geschlossene Einheit, vielmehr treten 21 evangelische Missionsgesellschaften, 10 katholische Orden und Kongregationen und 7 verschiedene Gouvernements als selbständige Leiter der Schulen, die Missionen zum Teil in verschiedenen Kolonien gleichzeitig, auf. Dabei sind die den katholischen Orden beistehenden weiblichen Orden und Gesellschaften noch gar nicht gerechnet. Das ist auf den ersten Blick eine kaum übersehbare Fülle, und sie ordnet sich erst, wenn wir sie auf die einzelnen Kolonien verteilen. Doch ehe das geschieht, und es kann sich dabei hier nur um große Überblicke handeln, bedarf es einer Verständigung darüber, welcher Art die in den Kolonien befindlichen Schulen sind.

Die Fragebogen unterscheiden drei große Gruppen, die Elementarschulen, die gehobenen Schulen und die Lehranstalten für praktische Arbeit, versäumten aber, wie ich bereits andeutete, die Grenze zwischen elementaren und gehobenen Schulen festzusetzen. So blieb es dem Ermessen der Berichterstatter überlassen, welche Schulen sie noch als elementar, welche sie schon als gehoben bezeichnen wollten, und infolgedessen enthalten die von mir gegebenen Zahlen z. T. ungleichwertige Größen. Immerhin ist klar, daß die große Masse der Schulen die Elementarschulen bilden, also alle Schulen mit ein-, zwei-, drei-, vierjährigem Lehrgang auf den Dörfern, Schulen, an denen der Unterricht zwischen 4 und etwa 16 Wochenstunden schwankt, und deren Ziel es ist, der ländlichen Bevölkerung die nötigste Bildung zu vermitteln. Ihnen gegenüber kommen die wenigen Elementarschulen auf den Missionsstationen, an denen Europäer unterrichten und meist Deutsch als Fremdsprache eingeführt ist, kaum in Betracht, obwohl sie, ebenso wie die Regierungsschulen, an denen Europäer unterrichten, im

Vergleich zu den Dorfschulen als gehobene Schulen gerechnet werden müßten.

Von den 2710 Schulen werden 2548 als Elementarschulen, 109 als gehobene Schulen und 53 als Lehranstalten für praktische Arbeit bezeichnet. Die Zahl der weißen Lehrkräfte ist 483, 183 und 115, die der eingebornen Lehrer 3 243 bezw. 149 und 22, die der Schüler endlich 141 916 auf den Elementarschulen, 6 146 auf den gehobenen Schulen und 1 466 auf den Lehranstalten für praktische Arbeit. Das sind alles stolze Zahlen, die von unermüdlicher Geduld und entsagungsreicher Arbeit reden und die für unsere Kolonien einen ganz unschätzbaren Kulturwert in sich schließen. Man denke doch nur, was das heißen will, daß jetzt 142 000 Kinder der Wildnis Afrikas und der Südsee drei, vier Jahre lang die Schule besuchen und die Elemente des Wissens, Lesen, Schreiben, Rechnen, lernen und dazu in den Missionsschulen die Fundamente der christlichen Religion, daß über 6 000 Schüler dazu zu einer höheren Bildung aufsteigen und durch sie befähigt werden, mit dem Herrenvolk in seiner Sprache zu verkehren, und daß endlich 1 500 Schüler in steter fachmäßiger Erziehung zu europäischem Handwerk und europäischer Art des Ackerbaus und der Pflanzungswirtschaft angeleitet werden. Die Vorstellung von dem Werte, den solche Schularbeit hat, wird vollends deutlich werden, wenn wir nun die einzelnen Schutzgebiete durchgehen und dabei feststellen, wie vielfach die Schularbeit erst einen kleinen Teil unserer Kolonien erreicht, wie sie infolgedessen in ihren Gebieten um so intensiver wirken kann.

Es zeigt sich das gleich in unserer kleinen schönen Kolonie **Togo.** Hier tun zwei evangelische Missionsgesellschaften Schularbeit. Die von London aus geleitete, also englische Wesleyanische Mission hat seit 1850 ununterbrochen in Anecho eine Schule, außerdem fünf kleine Schulen in der Umgegend. Ihre Arbeit hat aber nur geringe Bedeutung, da sie lediglich unter Leitung eingeborener Lehrkräfte steht und nur 509 Schüler zählt. Bedeutender ist die Arbeit der Norddeutschen Missionsgesellschaft in Bremen mit 141 Elementarschulen, einem Seminar, einer Fortbildungsschule, einer Mädchenanstalt, 182 farbigen Lehrern und Lehrerinnen und 5555 Schülern und Schülerinnen.

Die Norddeutsche Mission kann aber, obwohl die Wurzeln ihrer Arbeit bis in das Jahr 1847 zurückgehen, in dem ihre ersten Missionare die Arbeit unter dem Ewevolk aufnahmen — das Archiv in Bremen bewahrt noch ein rührendes Manuskript des Pioniers Lorenz Wolf zu einer Ewefibel —, obwohl sie sich sowohl um die Sprache, wie um die Schulliteratur der Ewe sehr große Verdienste erworben hat und zum Teil sehr tüchtige, pädagogisch wohl geschulte Missionare in Dienst stellen konnte, nur mit sehr großer Mühe mit der Arbeit Schritt halten, die die katholische Gesellschaft des göttlichen Wortes (mit dem Sitz in Steyl an der holländisch-deutschen Grenze) seit 1892 treibt. Diese zählt 166 Elementarschulen, ein Seminar, eine Fortbildungsschule und eine sehr umfangreiche Handwerkerschule. 17 Missionare und 13 Schwestern sind an der Schularbeit beteiligt und 194 Lehrer und 6 Lehrerinnen aus dem Ewevolk stehen in ihrem Dienst. Die Zahl ihrer Schulkinder ist 7 219.

Das Gouvernement endlich unterhält 2 Elementarschulen, eine Fortbildungsschule, eine Handwerkerschule und eine Ackerbauschule. Es hat aber insgesamt nur 459 Schüler.

Alle diese Schulen liegen im südlichen Drittel der Kolonie, in dem Landstrich, der im Norden von der Atakpamelandschaft abgeschlossen wird. Da in diesem Bezirk ziemlich genaue Bevölkerungsziffern angegeben werden können, verteilen sich die 324 Togoschulen auf 451 000 Menschen. Leider drängen sich aber infolge eines sehr scharfen Wettbewerbes der Konfessionen die Schulen in den Verkehrszentren stark zusammen. Immerhin dürfte es ein Unikum sein, daß sich in der Stadt Lome allein 10 Schulen befinden, zwei siebenklassige Missionsschulen für Knaben, zwei Missionsschulen für Mädchen, eine Regierungsschule, drei Fortbildungsschulen und zwei Handwerkerschulen. In dem winzigen Dorfe Bega bei Lome sind 2 Missionsschulen, und die Zahl der doppelt und dreifach besetzten Plätze ist mehr als 15. Allein die scheinbare Kraftvergeudung, die sich in einer unnötigen Anhäufung von Schulen mit oft sehr geringer Schülerzahl an kleinen Orten kund tut, wird reichlich wett gemacht durch die Steigerung der Leistungen, vor allen Dingen in der deutschen Sprache, die eine notwendige Folge des Wetteifers ist.

Der ganze Norden der Kolonie ist von der Schularbeit noch unberührt. Aber die evangelische Basler Mission, wie die Gesellschaft des göttlichen Wortes, wie endlich die Regierung sind im Begriff, dort mit Schularbeit einzusetzen.

Wir wenden uns nach **Kamerun.** Dort arbeiten neben der Regierung drei evangelische Missionsgesellschaften, von der Kamerunmündung ausgehend die Basler und die der deutschen Baptisten (Sitz in Steglitz) und im Süden der Kolonie die amerikanischen Presbyterianer aus New York, sowie endlich die um das Mutterhaus in Limburg an der Lahn gesammelten Pallotiner. Die amerikanische Arbeit ist die älteste; sie hat bereits 1885 angefangen, während die Basler erst Ende 1886 einsetzten. Aber da die Basler den größten Teil des Erbes der Londoner Baptistenmission übernahmen, und diese bereits seit 1845 in Kamerun Mission trieb, reichen die Wurzeln ihrer Arbeit in Gemeinde und Schule weit über die Anfangszeiten der amerikanischen Presbyterianer hinaus. 1890 setzte die Pallotiner-Mission ein, der ein Jahr später die neugegründete Missionsgesellschaft der deutschen Baptisten folgte. Die erste Regierungsschule wurde, wie ich erwähnte, 1887 von Christaller eröffnet.

Die größte Bedeutung und den größten Umfang hat bis jetzt das Schulwesen der Basler Mission mit 257 Elementarschulen, 16 gehobenen Schulen und 2 Lehranstalten für praktische Arbeit, also 275 Unterrichtsanstalten mit 25 europäischen Lehrkräften, 287 eingeborenen Lehrern und 13129 Schülern und Schülerinnen. Allerdings haben die

Basler in der Einführung der deutschen Sprache in ihren Schulen starke Zurückhaltung geübt und infolgedessen bei den Prüfungsergebnissen nicht so gut abgeschnitten wie die weniger starke Pallotiner-Mission, der bisher der Löwenanteil der Regierungsbeihilfe für Verbreitung des Deutschen zuzufallen pflegt. Die Pallotiner haben 19 Stationsschulen, 86 Dorfschulen, eine höhere Schule und 6 Lehranstalten für praktische Arbeit. Die Zahl der an Schulen beschäftigten Europäer beträgt nach den Fragebogen 37, wobei 13 an den Lehranstalten für praktische Arbeit unterrichtende Laienbrüder, Handwerker oder Landwirte mit deutscher Ausbildung, mitgerechnet sind. Die Zahl der eingeborenen Lehrer ist 139, die der Schüler insgesamt 10456.

Unter den 95 Schulen der amerikanischen Presbyterianer sind 9 Stationsschulen mit je 7 Klassen; daneben haben sie ein Predigerseminar und eine Handwerkerschule. Ihr Lehrpersonal zählt 13 weiße und 162 farbige Lehrer, die 7013 Schüler und Schülerinnen unterrichten.

Die deutschen Baptisten haben neben 38 Elementarschulen zwei Mittelschulen und ein Seminar. Bei ihnen unterrichten 13 Weiße und 49 Farbige und ihre Schülerzahl ist 2640.

Die Regierung endlich hat 4 Knabenschulen, die sie selbst als Elementarschulen bezeichnet und an denen 4 weiße und 9 eingeborene Lehrer 821 Schüler unterrichten. Sie ist die einzige, der es gelungen ist, Mohammedaner-Kinder in ihre Schulen aufzunehmen, und zwar 54 in Garua und 12 in Viktoria. Höhere Schulen hat sie nicht, wohl aber zwei Lehranstalten für praktische Arbeit mit 5 weißen Lehrern und 58 Schülern.

Eine Übersicht über die räumliche Verteilung der Schulen über das Gebiet der Kolonien gewinnt man am besten durch die den Verhandlungen des Deutschen Kolonial-Kongresses von 1910 beigegebenen Missions-Kolonialkarten, die die katholische wie die evangelische Missionsarbeit verhältnismäßig genau darstellen und selbstverständlich auch alle für die Regierung wichtigeren Plätze anführen. Der Blick auf die Karte zeigt, daß auch in Kamerun, ebenso wie in Togo, die Schularbeit kaum über den ersten Küstenstreifen ins Innere vorgedrungen ist. Die in das Grasland von Bali und Bamum vorgeschobenen Stationen der Basler bezeichnen wohl den äußersten Vorposten.

Neukamerun fällt noch nicht unter die Untersuchung vom 1. Juni 1911, doch sei bemerkt, daß evangelische wie katholische Missionen sich zur Arbeit rüsten. Die Sittarder Priester vom Herzen Jesu haben sogar bereits die erste Station in Kumbo angelegt. Durch das Kamerun-Abkommen ist endlich die Station Butika an der Mündung des Rio Muni deutsch geworden, und damit eine Schule mit einem Internat für 70 Kinder. Sie gehört den Vätern vom Heiligen Geist, die auch in Ostafrika Arbeit tun.

Südwestafrika steht in bezug auf die Zahl der Eingeborenenschulen weit hinter den anderen afrikanischen Kolonien zurück. Die 54 Schulen der Kolonie sind durchweg Missionsschulen, und zwar verteilen sie sich auf zwei evangelische und zwei katholische Missionen, auf die Rheinische Mission in Barmen, die Finnische in Helsingfors und die Patres Oblaten der Unbefleckten Jungfrau Maria vom Kloster Capellen im Kreise Grevenbroich und die Patres Oblaten des Heiligen Franz von Sales mit den Hauptsitzen in Rom und Wien.

Von den Schulen der Rheinischen Mission liegen 8 im Namalande. Sie arbeiten mit sechs weißen und ebensoviel farbigen Lehrkräften an 618 Schulkindern. Ferner sind 20 Schulen im Hereroland, mit 18 europäischen Lehrkräften und 1428 Schülern. Endlich liegen 2 ganz im Norden im Amboland. Dort sind 2 Missionare, 4 farbige Lehrer und 197 Schüler.

Dort sind auch die acht Hauptstationen der Finnischen Mission mit 8 Stationsschulen, 19 europäischen und 54 farbigen Lehrkräften und 1455 Schülern. Leider sind die Angaben der Fragebogen ungenau. Ich vermute, daß noch etwa 30 Außenschulen vorhanden sind, an denen die 54 Lehrer z. T. ihre Arbeit finden.

Die Salesianer haben fünf Schulen, 9 weiße, 3 farbige Lehrer und 296 Schüler im Namaland und die Oblaten Mariens mehr nach Norden zu 13 Schulen mit 275 Schülern. Dazu kommen noch eine Katechetenschule und fünf Lehranstalten für praktische Arbeit.

In diesem Gesamtbilde spiegelt sich die traurige Lage der Eingeborenen in Südwest, die von den furchtbaren Aufständen und ihren Folgen dezimiert, nur noch etwa 80000 Menschen sein sollen. Unter diesen 80000 werden 23000 Kinder gezählt. Zieht man diese Gesamtzahl in Vergleich zu der Schülerzahl Südwests, sie ist 4359, so ist das Ergebnis doch schultechnisch angesehen verhältnismäßig das günstigste für alle afrikanischen Kolonien. Denn hier wird etwa der vierte Teil der schulreifen Jugend von den Schulen wirklich erreicht, ein Ergebnis, dessen sich noch kein anderes unserer afrikanischen Schutzgebiete rühmen kann. Aber was ist's für mühsame Arbeit, unter sterbenden Völkern, die noch dazu zum großen Teil nicht seßhaft sind. Nur die Arbeit unter den Amboleuten hoch im Norden trägt das Gepräge gesunder, normaler Arbeit, und da das Amboland die wichtigste Quelle ist, die das ganze Schutzgebiet mit Arbeitern speist, kommt der Schularbeit hier für die Entwicklung der Kolonie besonders große Bedeutung zu.

Im heutigen **Deutsch-Ostafrika** treibt die katholische Mission seit 1862 ihre Arbeit. Sie ist damit der evangelischen um 5 Jahre zuvorgekommen. Sie hat sich die Kolonie in 6 apostolische Vikariate geteilt: Daressalam, das von den Benediktinern von St. Ottilien missionarisch besetzt ist, Kilimandscharo und Bagamoyo, die von den Vätern vom Heiligen Geist in Knechtsteden versorgt werden, und Tanganika, Süd-Nyansa und Unyanyembe, die zur Gesellschaft der weißen Väter mit dem deutschen Mutterhause in Trier gehören.

Nach den leider unvollständigen Fragebogen befanden

sich in diesen 6 apostolischen Vikariaten 363 Elementarschulen mit 115 weißen und 459 farbigen Lehrkräften sowie 31274 Schülern. Dazu kommen 11 gehobene Schulen mit 724 Schülern und 5 Lehranstalten für praktische Arbeit mit 61 Schülern und Schülerinnen.

Die evangelische Mission teilt sich in der Kolonie in neun Gesellschaften, sechs deutsche, zwei englische und eine amerikanische. Als deutsche sind dabei zu rechnen die Mission der Brüdergemeine mit dem Sitze in Herrnhut, die Berliner Missionsgesellschaft, die Evangelisch-Lutherische Mission in Leipzig, die Missions-Gesellschaft für Deutsch-Ostafrika mit dem Sitz in Bethel bei Bielefeld, die Europäische Abteilung der Adventisten vom siebenten Tage mit dem Sitze in Hamburg und der Evangelische Afrika-Verein in Berlin. Die englischen Gesellschaften haben ihren Sitz beide in London. Es sind die Church Missionary Society und die Universities-Mission to Central Africa. In Philadelphia in den Vereinigten Staaten endlich ist der Sitz der kleinen amerikanischen Africa Inland Mission.

Die Gesamtzahl der evangelischen Elementarschulen ist 512. An ihnen unterrichten 94 europäische Lehrkräfte und 646 farbige Lehrer und Lehrerinnen. Die Zahl der Schüler wird auf fast 30000 berechnet — genau 29716. In den 18 gehobenen Schulen sind 472 Schüler und Schülerinnen, in den 9 Lehranstalten für praktische Arbeit 88.

Endlich hat die Regierung sich in Ostafrika ziemlich stark des Elementarschulwesens angenommen. Sie unterhält 78 Elementarschulen, die von 3 Europäern geleitet und von 95 afrikanischen Lehrern bedient werden und 3494 Schüler zählen. 2 gehobene Schulen sammeln außerdem 681 Schüler und 3 Handwerkerschulen 137 Schüler.

So hat Ostafrika allein 1001 Schulen und über 66000 Schüler. Sie verteilen sich über das ganze, weite Gebiet der Kolonie, doch sind nur wenige der hauptsächlichsten Städte des Landes, wie Daressalam und Tanga, mehrfach besetzt.

Nicht in den Bereich unserer Statistik gehören übrigens die zahlreichen Koranschulen in Deutsch-Ostafrika, die sich besonders an den Küstenorten finden. Sie verfolgen ausgesprochen religiöse Zwecke. Ihre Schüler sollen die Koranverse auswendig lernen, die der Mohammedaner bei den vorgeschriebenen Gebeten spricht. Sie fristen unter dem Wettbewerb der christlichen Schulen und bei ihrer sehr veralteten Schulmethode nur ein kümmerliches Dasein. Die Amtlichen Jahresberichte des Reichskolonialamts geben über sie keine Auskünfte und die Rundfrage des Kolonialinstituts hat gar nicht erst den Versuch gemacht, sie zu erreichen.

Wie ich darauf verzichtet habe, für Deutsch-Ostafrika die Einzelzahlen der Missionsgesellschaften zu geben, so möchte ich es auch bei der Orientierung über die Schularbeit in dem weiten Inselgebiet **Neu-Guineas** halten. Ich möchte nur die Gesellschaften nennen, die die Arbeit tun, und zum Schluß das Ergebnis ihrer Anstrengungen.

An evangelischer Schularbeit beteiligen sich auf **Kaiser-Wilhelms-Land** die Neuendettelsauer und die Rheinische Mission, die wir schon in Südwestafrika trafen. Beider Arbeit ist klein und mühsam, weil das Land ja geographisch wie sprachlich überaus zersplittert ist. Im **Bismarck-Archipel** treibt eine methodistische Gesellschaft, die in Sydney, also in Australien, ihren Sitz hat, eine ebenso umfangreiche wie bedeutsame Schultätigkeit. Auf den **Karolinen und Palau-Inseln** finden wir eine große amerikanische Gesellschaft, den American Board aus Boston, der seine Arbeit aber zugunsten einer deutschen Mission, der Liebenzeller, schon wesentlich eingeschränkt hat und vermutlich noch weiter einschränken wird. Die **Marianen** werden von der evangelischen Mission und ihrer Schule noch nicht berührt, wohl aber hat der American Board, den ich eben nannte, noch auf den **Marshall-Inseln** etwa 3 Dutzend Schulen.

Die katholische Mission hat sich das Gebiet in folgende Bezirke geteilt: **Kaiser-Wilhelms-Land** bildet eine Apostolische Präfektur, die den auch in Togo arbeitenden Steyler Missionaren, also der Societas Verbi Divini gehört; der **Bismarck-Archipel** zerfällt in das Apostolische Vikariat Neu-Pommern, in dem die Missionare vom Heiligsten Herzen Jesu aus Hiltrup arbeiten, und in die Apostolische Präfektur der Salomon-Inseln, die von der Gesellschaft Mariens in Meppen verwaltet wird. **Die Karolinen und Palau-Inseln** bilden wieder eine Apostolische Präfektur, ebenso die **Marianen**. Auf beiden finden wir die Rheinisch-Westfälische Ordensprovinz des Kapuzinerordens (Mutterhaus in Ehrenbreitstein a. Rh.) am Werk. Allerdings haben die Kapuziner, das sei doch als eine Merkwürdigkeit ausdrücklich angemerkt, es auf den Marianen, trotzdem es sich um Jahrzehnte altes katholisches Missionsgebiet handelt, über eine ganze Schule noch nicht hinausgebracht! Die **Marshall-Inseln** sind schon zur Würde eines apostolischen Vikariats erhoben, in dem wir wieder die Hiltruper Missionare an der Arbeit finden.

Auf diese Weise sind über die deutsche Südsee 402 Elementarschulen und 19 gehobene Schulen ausgestreut, in denen bereits 18974 Kinder gesammelt sind; wieder ein sehr erfreuliches Ergebnis, und, wie ich vermute, eine Kulturarbeit, von deren stillem, wertvollen Dienst die wenigsten Kolonialfreunde eine Ahnung haben. In diese Zahlen sind auch die Regierungsschulen eingeschlossen.

So bleiben noch Samoa und das kleine Kiautschou zu besprechen.

Samoa zeigt die Schularbeit in einem besonders interessanten Stadium, am Anfang des Übergangs aus der missionarischen in die kirchliche Form. Die Missionsarbeit in Samoa ist am Ziel. Es gibt dort nominell keine Heiden mehr. Trotzdem sind die Missionen noch an der Arbeit, es sind evangelischerseits die australischen Methodisten von Sydney neben der ungleich bedeutenderen, erfolgreicheren seit 1830 im Lande tätigen Londoner Missions-Gesellschaft, daneben, das konnte ich nicht mehr feststellen, vermutlich noch die Mormonen, katholischerseits die uns auch schon bekannte Maristen-Mission. Ist auch dieses neben-, ja gegeneinander Arbeiten der verschiedenen Missionen missionarisch keine sehr erquickliche Erscheinung, — der Schularbeit wird es zugute kommen.

Der Gesamtertrag der Schultätigkeit in Samoa ist 329 Schulen mit 40 weißen und 502 farbigen Lehrkräften sowie 9878 Schülern und Schülerinnen. Auch hier ist die Regierung mit einer Elementar- und einer Handwerkerschule einbegriffen.

Wenden wir uns endlich zu dem kleinsten Bezirk unter deutscher Flagge über See, zum Pachtgebiet **Kiautschou,** ohne auf den Begriffsunterschied zwischen einer Kolonie und einem Pachtgebiet einzugehen, so umgeben uns dort völlig andere Verhältnisse, als in allen Kolonien, die wir betrachtet haben. Überall sonst Völker niederer Kultur — hier das Volk der Literaten, das klassische Land der Examina! Hier ist für Schularbeit von vornherein besonders geeigneter Boden. Und dazu ist Kiautschou der wichtigste Vorposten des Deutschtums für das ganze, große chinesische Reich. Grund genug, hier mit der Schularbeit kraftvoll einzusetzen. So finden wir denn auch auf dem engen Raum der 550 Quadratkilometer des Pachtgebietes nach den Fragebogen 39 Schulen, darunter 2 Lehranstalten für praktische Arbeit und 6 gehobene Schulen, an ihrer Spitze die Deutsch-Chinesische Hochschule. Allerdings sind die Schulen noch klein, zum Teil sehr klein. Die Hochschule der Regierung mit 178 Schülern und ihre Handwerkerschule mit 182 Schülern zeigen bei weitem die stärkste Frequenz. Auf die 11 Elementarschulen der Regierung kommen 396 Schüler, also im Durchschnitt auf die Schule 36 Schüler. Mit solchen Ziffern hat die Regierung für alle Arten Schulen des Pachtgebietes bisher die Führung — auch das ist wie alles in Kiautschou einzigartig — alle andern Schulen können mit ihr nicht Schritt halten.

Die übrigen Schulen gehören z. T. der evangelischen Berliner Missionsgesellschaft, die wir von Ostafrika her kennen, z. T. dem Allgemeinen Evangelisch-Protestantischen Missions-Verein, der seinen Sitz in Weimar, aber seine leitenden Persönlichkeiten in Berlin hat, vermutlich auch einige den amerikanischen Presbyterianern, von denen aber keine Fragebogen vorliegen, und die letzten der Steyler-Mission, der wir in Togo und Kaiser-Wilhelms-Land begegnet sind. 39 Schulen, 1 470 Schüler, das ist, möglichst kurz formuliert, das Gesamtergebnis für Kiautschou, das aber vielmehr nach seiner Qualität als seiner Quantität beurteilt werden muß. Es läge allerdings sehr nahe, die Zahl für Kiautschou mehr als doppelt so hoch anzugeben. Bekanntlich ist ja unser kleines Pachtgebiet von einer im Radius etwa 50 km messenden neutralen Zone umgeben, in der zwar die chinesische Oberhoheit zu Recht besteht, aber doch nichts ohne Erlaubnis des Deutschen Reiches geschehen darf. Hier haben wir ein Gebiet, das stark unter deutschem Einfluß steht und fast als Schutzgebiet gelten könnte. Dementsprechend zählen auch die Missionen ihre Schulen in der Interessensphäre mit zu den kolonialen; ja Professor D. Schmidlin hält sich für berechtigt, sogar auf die Schulen der katholischen Mission in der Schantung-Provinz noch hinzuweisen. Allein es erscheint doch dem Rechtszustand am meisten zu entsprechen, wenn wir die Schulen in der Interessensphäre, nachdem ich auf ihr Bestehen hingewiesen habe, beiseite lassen und nicht mitzählen. Damit haben wir unsern Rundgang und die etwas ermüdende, aber unumgänglich notwendige Aufzählung der wirklich geschehenden Arbeit beendigt und können uns nun der reizvolleren Aufgabe zuwenden, zu zeigen, wie es in diesen Schulen aussieht und was sie erreichen.

3. Der Schulbetrieb.

Die stillschweigende Voraussetzung, daß alle Schulen in den Schutzgebieten auch wirklich Schulen im vollen Sinne des Wortes seien, bedarf einer Einschränkung. Da es sich in den Kolonien nur um werdende Verhältnisse handeln kann, müssen wir viel Unvollkommenheiten in Kauf nehmen. Eine deutsche Schulbehörde, ein preußischer Schulinspektor — die dürften ihre Forderungen im afrikanischen Busch oder auf den Atollen der Südsee nicht geltend machen! Kann man denn von einer Schule reden, wenn ein weißer Mann, der eben ins Land gekommen ist und die fremde Sprache noch nicht redet, sich ein halbes, vielleicht ein ganzes Dutzend halbwüchsiger Buben und Mädel unter einem Schattenbaum sammelt und mit ihnen radebrecht, um ein wenig von ihrer Sprache zu erhaschen? Oder ist's eine Schule zu nennen, wenn von einer Missionsstation aus ein Eingeborener, der etwas Lesen, Schreiben und Rechnen gelernt hat, jeden Tag in andrer Richtung auszieht, um in entfernten Außendörfern eine, vielleicht anderthalb Stunde die Elemente europäischer Wissenschaft, so gut oder schlecht er es vermag, zu traktieren? Schon eher verdient den Namen Schulbetrieb, was die Hiltruper Missionare von ihrer Arbeit auf den Marshall-Inseln erzählen: „Von den festen Stationen eilen die Lehrer abwechselnd mit dem Überseeboot zu den übrigen Atollen und betreiben überall eine sogenannte ambulante Schulpflege, indem sie für Wochen bald auf dieser, bald auf jener Insel unterrichten. Die Marshall-Insulaner sind nämlich die reinsten See- und Inselnomaden, wohnen bald auf dieser Insel, bald auf jener; bald fahren sie zu diesen Atollen, bald zu jenen. So ist es noch in letzter Zeit vorgekommen, daß ein Lehrer nach Ailinlablab kam und dort für Wochen und Monate über 30 Schulkinder allein unterrichtete. Eines Morgens kamen nur noch zwei, die Häuptlinge waren mit ihrer ganzen Sippe nach einer anderen Insel übergesiedelt, wohin der Lehrer nicht folgen konnte. Da war es natürlich mit dem Schulbetrieb aus, und der Statistiker steht vor der Frage: War das nun eine Schule, die in die Statistik aufzunehmen war, oder nicht? Wir finden eben die allerprimitivsten Formen der Schularbeit neben recht vollkommenen, und zwar gilt das von jedem Gesichtspunkt, unter dem man Schularbeit betrachten kann, und wir dürfen an den Begriff der Schule in unserem Sinne weder die Forderung eines Schulhauses, noch die besonderer Lehrerbildung, noch die eines genauen Lehrplanes, noch die vollkommener Lehrmittel, noch die von Schulzwang und Ordnung und Gesetzmäßigkeit stellen, sondern müssen jeden als solchen gemeinten regelmäßig wiederholten Unterricht, so elementar er sein mag, vorläufig als Schule gelten lassen, und zwar so lange, bis die Schule so weit eingebürgert ist, daß man ein Mindestmaß von Leistungen und Forderungen festsetzen kann.

Nach dieser grundsätzlichen Vorbemerkung wird es nicht wundernehmen, daß in die Statistik Schulen aufgenommen sind, die weder ein eignes Schulhaus noch einen geordneten geschlossenen Raum zum Unterricht zur Verfügung haben, sondern sich mit einem Schattenbaum begnügen oder mit vier Bambuspfosten, die mit Palmblättern zum Schutz gegen die Sonne überdeckt sind. Solche Schulhäuser sind aber nur sehr vereinzelt noch zu finden. Meist besitzen die Schulen Häuser nach Landesart mit einem Schulraum. Auch das sind oft noch recht primitive Gebäude: Lehmwände, vielleicht nur einen Meter hochgeführt, dann ein freier Raum, durch den die Luft durchstreichen kann, und endlich auf den Dachstützen das einfache Rohr- oder Wellblechdach. Türen und Fenster sind noch überflüssiger Luxus, Luft und Licht haben freien Zutritt, so daß am ganzen Hause die Ventilation das Beste ist. Solche Schulhäuser sind schon für 50 bis 200 Mark herzustellen.

Wieder eine Stufe höher stehen dann Schulen nach Europäerart gebaut, mit mehreren Schulzimmern und mit Türen und Fenstern. Wir finden sie der Regel nach auf den Hauptstationen der Missionen und bei den Regierungsschulen. Zum Teil sind es stolze Gebäude, die sich auch in der Heimat sehen lassen dürften, allen voran das in den Jahren 1911 und 1912 fertiggestellte neue Gebäude der Deutsch-Chinesischen Hochschule in Tsingtau mit seiner mächtigen Front und ihren 25 großen drei- und vierteiligen Fenstern.

Zum Schulhaus gehört zweitens die *Lehrerwohnung*. Sie ist in der Regel, soweit es sich um die eingeborenen Lehrer handelt — die Europäer wohnen alle in hübschen, gesunden Europäerhäusern —, ein schlichtes Haus nach Landesart gebaut, mit zwei, selten drei, höchstens einmal vier Zimmern und Veranda; ein Haus, das sich nur durch etwas größere Abmessungen, durch richtig schließende Fenster und Türen, und endlich durch relative Ordnung und Sauberkeit im Innern von den übrigen Eingeborenenhäusern unterscheidet. Es ist offenbar das Bestreben der Schulleitungen, die Lehrer möglichst in ihrer sozialen Stellung nicht allzuweit über ihre Volksgenossen herauszuheben. Dies Motiv würde es zugleich erklären, daß sich die Missionen um die Lehrerhäuser bisweilen gar nicht kümmern, sondern es dem Lehrer überlassen, sich seine Wohnung selbst zu schaffen.

Zum vollständigen Schulgrundstück gehört endlich, soweit es sich um Internate handelt, der *Wohn- und Schlafraum für die Schüler oder Schülerinnen*. Auch da ist der Abwechselung viel. Teilweise müssen die Dachräume über der Schule als Wohnstatt dienen, teilweise gibts extra Häuser; ja in Samoa hat die Londoner Mission um ihre Institute in Malua eine ganze Kolonie von 56 Einzelhäuschen gebaut, in denen die Schüler mit ihren Familien, es handelt sich hier um verheiratete Lehrer, die noch eine letzte Ausbildung erhalten, wohnen sollen.

Hier mag gleich ein Wort über die *Bau- und Unterhaltungspflicht* angefügt werden. Während es bei den Regierungsschulen meist selbstverständlich ist, daß die Regierung sowohl die Baulast wie die Unterhaltungspflicht für die Schul- und Lehrerhäuser auf sich nimmt, kann man den Grad, in dem die Missionen die Eingeborenen zu diesen Aufgaben heranziehen, als Maßstab für die Einwurzelung der Schul- und Missionsarbeit im Lande benutzen. Solange die Schule etwas Fremdes ist, der Schulbesuch wohl gar als Arbeit für den Europäer oder als eine Gefälligkeit angesehen wird, für die man Bezahlung oder Geschenke erwartet, solange kann die Mission nicht daran denken, die Eingeborenen zu Schullasten heranzuziehen. Erst wo die Schulbildung begehrenswert geworden ist oder das Vorhandensein einer Schule am Ort als Zeichen der Kultur dem Stolz des Häuptlings schmeichelt, erst da kann in steigendem Maße von einer Heranziehung der Eingeborenen zur Bau- und Unterhaltungspflicht die Rede sein. In der Regel lassen sich auch da verschiedene Stadien beobachten: Zuerst wird der Bauplatz geschenkt oder um ein Billiges überlassen, dann wird der Lehm, das Bauholz und das Rohr zum Decken von den Eingeborenen beschafft, Handlangerdienste werden geleistet, indes sich die Mission vorbehält, für Türen, Fenster und die einfachsten Möbel zu sorgen, und schließlich kommt es so weit, daß die Eingeborenen all dies selbst leisten, wenn sie nur Schule und Lehrer bekommen. Das ist der Zustand etwa in den entwickeltsten Gegenden Südtogos. Wo, wie in Samoa, die Missionsarbeit in die Bahnen kirchlicher Arbeit übergeht, wird aus der freiwilligen Leistung vollends Gewohnheit und Pflicht — der Übergang zu den Zuständen, wie wir sie bei uns in der Heimat haben.

Auch wo die Schulkinder auf dem Erdboden sitzen und mit dem Finger im Sande schreiben, kann von Schule die Rede sein. Der Regel nach aber gehört zur Schule einiges Inventar und ein bestimmter Apparat von Lehrmitteln. Sehr primitive Bänke und eine Schultafel mit etwas Kreide sind das erste, dann steigt es zu Anschauungsbildern, Rechenmaschine und Landkarte, bis endlich wieder an der Deutsch-Chinesischen Hochschule ein vollendeter physikalischer Apparat und ein chemisches Laboratorium auch verwöhnte Wünsche befriedigen. Dabei müssen wir eines Gebietes der Lehrmittel besonders gedenken — das sind die Schulbücher. Alle anderen Lehrmittel lassen sich entweder im Lande auf einfache Weise herstellen oder aus der Heimat einführen, die Schulbücher, die in der Landessprache selbst geschrieben sein müssen, setzen schon eine umfassende Schularbeit voraus, ehe sie nur geschrieben und dann gedruckt werden können, und bedeuten deshalb nicht nur ein wesentliches Stück des Schulbetriebes sondern fast mehr noch des Schulerfolges! Es ist in der Tat eine in weiten Kreisen noch fast übersehene Frucht der kolonialen Schularbeit, daß sie eine sehr umfangreiche Schulliteratur hervorgebracht hat. Ich greife nur ein Beispiel heraus und zwar mit Absicht aus einer nichtdeutschen Mission. Die Londoner Missions-Gesellschaft nennt als Lehrbücher in samoanischer Sprache für ihre Volksschulen eine biblische Geschichte des alten Testaments, eine solche des neuen Testaments, dazu eine kleine und eine große Geographie, ein Rechenbuch, eine Fibel und ein Lesebuch. Für die höhere Knabenschule kommen dann außer dem Hirt'schen Lesebuch, das sich einer sehr weiten Verbreitung in den Missionsschulen erfreut, und außer einer deutschen Sprachlehre eine samoanische Grammatik, ein Katechismus, und Lehrbücher über Physik, Zoologie, Kirchengeschichte und das Leben Jesu hinzu. Auf der dritten Stufe, dem Lehrer- und Predigerseminar, finden alle Lehrbücher der unteren Schulen auch noch Verwendung, außerdem aber noch so viel Bücher, daß die Bücherliste im ganzen 30 Nummern aufweist, darunter Schriftauslegungen, Predigtbücher, Bibelkonkordanz, Bibelwörterbuch, Pastoraltheologie und dergl. Dabei sind alle diejenigen Bücher noch nicht gerechnet, die bisher nur im Manuskript oder in mechanischen Vervielfältigungen vorliegen! Nach dieser einen Probe kann man sich eine Vorstellung machen, welch' eine Arbeit die Schulen für Schaffung einer brauchbaren Schulliteratur bereits geleistet haben, und welche Wandlungen der Schulbetrieb durchgemacht hat, je vollkommener die Schulbücher wurden. Ich will aber dabei die Bemerkung nicht unterdrücken, daß hier die Arbeit noch lange nicht an ihrem Ziel ist. So vortrefflich die Hirt'schen Lesebücher z. B. sind, sind sie doch weder für die Verhältnisse Afrikas, noch für die der Südsee berechnet, und es muß als ein pädagogischer Mißstand anerkannt werden, daß man in den Schulen der Kolonien mit Büchern arbeiten muß, die von dem Gedankenkreise europäischer Kinder und von dem Leben in der Heimat ausgehen, statt daß sie auf die Verhältnisse der Tropen Rücksicht nehmen. Wenn man die Begriffe Frühling, Winter, Schnee, Eis, Birke, Linde, Eiche, Schlittschuh, Schornsteinfeger erst künstlich und mühsam klarmachen und die Palme und die Banane künstlich aus dem Gedankenkreise des Afrikaners oder des Mikronesiers ausschalten muß, um ihn im Deutschen zu unterrichten, so ist das eine Unnatur, die hoffentlich bald durch Beschaffung eigener Lehrbücher ganz überwunden sein wird. Schlimmer noch fast als solche erst allmählich auszugleichenden pädagogischen Ungeschicklichkeiten erscheint es mir, wenn etwa die Fibeln weder auf den natürlichen Aufbau der Sprache noch in der Auswahl der Worte und Illustrationen auf den Anschauungskreis der Eingeborenen Rücksicht nehmen! Aber schon daß solche Mängel erkannt und gerügt werden können, ist ein Beweis, wie weit der Schulbetrieb in den Kolonien bereits vorgeschritten ist.

Das bunte Bild vom Schulbetrieb in den Kolonien wird noch bunter, wenn wir auf die Schüler sehen, die die Schulen besuchen. Zweijährige und dreißig-, vierzigjährige finden wir buchstäblich nebeneinander auf der Schulbank, und Kinder des Urwaldes, denen jede Vorstellung von einer geordneten Schulzucht fehlt, neben der Jugend der Hauptstädte, die sich an die strengen Schulgesetze bereits gewöhnt hat und sie in aller Selbstverständlichkeit befolgt. Die allerverschiedensten Stämme, wie sie durch die Laune der Kolonialpolitik nun einmal unter das deutsche Szepter geraten sind, finden wir nebeneinander, und wieder kann man auf das

Alter der Schularbeit schließen aus dem mehr oder minder übereinstimmenden Alter der Schüler einer Klasse. —

Sind die Schulen in ihrer ganz überwiegenden Mehrheit für Knaben und Mädchen bestimmt, so gibt es doch in allen Kolonien besondere Anstalten zur Mädchenerziehung, während andrerseits ein großer Teil der gehobenen Schulen dem weiblichen Geschlecht verschlossen ist. Unter den Mädchenschulen gebührt die Krone zweifellos der unter Leitung einer deutschen Lehrerin stehenden höheren Mädchenschule der Londoner Mission in Malua auf Samoa, einer Anstalt, die sich fast auf dem Niveau einer heimatlichen gehobenen Mädchenschule befindet.

Ehe wir auf den Unterricht selbst, Lehrplan, Lehrziel, Unterrichtsdauer und was damit zusammenhängt, eingehen, sind wir dem Lehrpersonal der kolonialen Schulen etwas Aufmerksamkeit schuldig.

Da läßt sich folgendes Gesetz beobachten: Auf den Außenschulen beschränkt sich der Europäer auf gelegentliche Besuche und Prüfungen, vielleicht daß er sich vierteljährlich, vielleicht auch monatlich oder gar wöchentlich einmal kurze Zeit am Schulorte aufhält, im übrigen liegt die Verantwortung bei dem eingeborenen Lehrer. Auf den Hauptstationen und grundsätzlich bei allen gehobenen Schulen wird ständige Kontrolle durch den Europäer geübt, der Unterricht zum Teil ganz vom Europäer übernommen. Dabei hat die Regierung im Verhältnis mehr Hilfskräfte aus Europa für die Schule als die katholische Mission, und diese wieder mehr als die evangelische, die aus Grundsatz den Eingeborenen ein gutes Stück des Unterrichts überläßt. In der pädagogischen Durchbildung ist der Regierungslehrer im Durchschnitt dem Missionar überlegen, da die Regierung nur geprüfte Lehrer aussendet, die Missionen aber die pädagogische Ausbildung nebenbei in die missionarische eingliedern müssen.

Zeigt sich bei dem sich unwillkürlich aufdrängenden Vergleich in bezug auf den europäischen Arbeiterstab die evangelische Mission als am ungünstigsten gestellt, so liegt ihre Stärke umgekehrt in der Zahl und in der Vorbildung der eingeborenen Hilfskräfte. Hat sie doch schon Gebiete, wie Samoa, wo die Schulen der Londoner Mission alle unter der Leitung eingeborener Pfarrer stehen, oder wie Togo, wo die Zahl der seminaristisch gebildeten farbigen Lehrer die der nicht seminaristischen weit überwiegt.

Was unterrichten sie? Was erfahren wir über die Lehrpläne der Schulen in den Kolonien aus den Fragebogen?

Ich greife bei diesem wichtigsten Gebiete des Schulbetriebes auf Grund des vorhandenen Materials einige Beispiele heraus: Die Elementarschulen der Londoner Mission in Samoa als ein Beispiel für die niederste Stufe in möglichst vollendeter Ausprägung, eine Mittelschule der katholischen Mission in Ostafrika als Beispiel für eine etwas höher entwickelte Form der Missionsschulen, die Regierungsschule in Togo als Beispiel für die Anforderungen solcher Anstalten, und endlich die Deutsch-Chinesische Hochschule in Tsingtau, um an ihr den Abstand zum Schulwesen der anderen Schutzgebiete zu zeigen. Mit dieser Auswahl soll aber keinerlei Werturteil gegeben sein, es handelt sich nur um möglichst objektive und zugleich möglichst plastische Darstellung, die sich im Wortlaut tunlichst an die Originalberichterstattung anlehnt.

Das Elementar-Schulsystem der Londoner Mission ist sechsklassig. In Dörfern mit wenig Anhängern und daher wenig Kindern kommt es natürlich vor, daß nicht alle Klassen immer vertreten sind, daß z. B. die beiden obersten Klassen zeitweise fehlen. Unterrichtsfächer sind Lesen, Schreiben, Rechnen, biblische Geschichte, zwischen altem und neuem Testament jährlich abwechselnd, Einprägung bestimmter international festgesetzter Bibelabschnitte und Erdkunde. Dazu lernen die Mädchen der zweiten bis sechsten Klasse bei der Frau des eingebornen Lehrers Nähen. Die Sprache in den Elementarschulen ist nur samoanisch.

Einige eifrige Lehrer lehren auch das deutsche ABC oder einige Worte der deutschen Umgangssprache, doch ist das unwesentlich. Unterricht ist an drei Wochentagen, Montags, Dienstags, Donnerstags; dazu Sonntags die Sonntagsschule. Man muß bedenken, daß der Lehrer zugleich Prediger ist, Sonntags zweimal, wöchentlich einmal predigen muß, Krankenbesuche machen, für seinen Unterhalt arbeiten, wenigstens teilweise helfen, seine Plantage (Taro, Bananen, Jams) bebauen, oft einen Jugendverein leiten, die Katechumenen unterrichten soll usw. Die Zahl der Stunden am Tage ist offiziell durch einen allgemein giltigen Stundenplan festgesetzt, doch steht er meist leider nur auf dem Papier, da eine eingehende Kontrolle oder Inspektion unmöglich ist. Die Zahl der Stunden hängt von dem Fleiß bezw. Unfleiß des betreffenden Lehrers ab und bewegt sich etwa zwischen drei und neun, wobei vielfach die Abendstunden zuhilfe genommen werden. Einige Wochen oder Tage vor der Jahresprüfung wird mit Volldampf gearbeitet, während, solange diese noch nicht in Sicht ist, es wohl meist nicht so genau genommen wird mit der Innehaltung der Schulstunden. Auch die häufigen Reisen hindern die Regelmäßigkeit des Schulbesuches sehr.

Jährlich, im Oktober etwa, findet eine Schulprüfung statt. Dieselbe ist — abgesehen vom Lesen — nur schriftlich und dauert etwa 6—10 Stunden. In jedem Fach werden von dem weißen Missionar des betreffenden Distriktes fünf Fragen zur schriftlichen Beantwortung vorgelegt. Der Examinator sieht sie durch und zensiert sie. Die Zensuren werden nachher zu Prozenten umgerechnet und die Rangordnung der Kinder je nach der Anzahl der Prozente festgestellt. Die, welche von 75%—100% haben, erhalten einen ersten Preis bei der Preisverteilung am Schluß, die, welche von 60%—75% haben, einen zweiten Preis. Die Preise sind für jede Klasse genau bestimmt und steigen von einem Griffel bis zu einem Atlas oder Tagebuche im Werte von einer Mark. Die, welche nicht bis 60% gekommen sind, gelten als „nicht bestanden“ und haben die Klasse noch einmal durchzumachen. Für die Prüfung werden meist 2—4 Dörfer zusammengeholt.

Das ist ein wohl durchdachtes, vielleicht mit seinem Prüfungsverfahren pädagogisch nicht ganz einwandfreies Volksschulsystem. Es mag als Muster gelten, wenn auch in den deutschen Schulsystemen in den Kolonien der Lehrgang in der Regel nur 3—4 Jahre umfaßt, dafür aber 5 Tage Schulunterricht in der Woche vorsieht.

Eine Probe für den Lehrplan und den Unterrichtsbetrieb einer gehobenen Schule sei uns die Benediktiner-Schule für Missionslehrer in Ndanda im Bezirk Lindi in Deutsch-Ostafrika. Sie fordert von ihren Schülern bei der Aufnahme die Vorbildung einer Regierungs- oder Missionsschule und unterrichtet in dreijährigem Lehrgang in folgenden Fächern: Religion, Schreiben, Lesen, Rechnen, Zeichnen, Turnen, Gesang, Geographie, Naturkunde, Anschauungsunterricht, Methodik und Pädagogik. Außerdem werden die Schüler in die praktischen Fächer: Ökonomie, Stall, Küche, Wald- und Forstwirtschaft, sowie in alle Werkstattarbeiten, auch in Bauarbeiten eingeführt. Als Lehrbücher sind die von der Regierung auf ihren Schulen vorgeschriebenen Lese- und Unterrichtsbücher in Gebrauch. Der Unterricht wird in der Suahelisprache und im Deutschen erteilt und verfolgt das Ziel, „tüchtige Lehramtskandidaten“ heranzubilden. Diese Zielbestimmung ebenso wie die Angabe der Unterrichtsfächer grenzt die Schule deutlich von der Elementarschule ab, schon dadurch, daß das Deutsche als Unterrichtssprache in den Lehrplan organisch eingefügt ist.

Als drittes Beispiel für die Lehrpläne wähle ich die Regierungsschule in Lome aus einem doppelten Grunde. Einmal, weil sie bescheiden als Elementarschule angeführt wird, und zweitens, weil sie zeigt, welche Lehrziele und welche Fülle von Unterrichts-Stoffen bei dem offenbar besonders gut begabten Ewestamme in der Schule in 6 Jahren bewältigt werden können.

Unterrichtsgegenstände sind 1. Deutsche Sprache: Sprachlehre, Lesen, Aufsatz, Rechtschreiben, Schönschreiben, 2. Rechnen, 3. Realien: Heimatkunde, Erdkunde, Geschichte, Naturkunde (Naturgeschichte und Naturlehre), 4. Singen.

In der deutschen Sprache lautet das Lehrziel: „Die Schüler sollen befähigt werden, deutsch zu verstehen, sich gut verständlich und sprachrichtig in deutscher Sprache mündlich und schriftlich auszudrücken, sinnrichtig aus dem Deutschen in die Landessprache und umgekehrt zu übersetzen, soweit die Gegenstände einfachen Inhalts sind und die sprachliche Form keine großen Schwierigkeiten bereitet."

Eine Probe aus dem Lehrstoff der deutschen Sprachlehre im 6. Lehrjahr mag Einzelheiten bieten. Es wird unter Zeitwort behandelt: „Die Hilfszeitwörter der Aussageweise in anderer Bedeutung: mögen, dürfen; mögen (es mögen 200 Leute sein), wollen (er will ihn dort gesehen haben); dürfen im höflichen Ausdruck (darf ich Sie um Feuer bitten? das dürfte zu viel sein); sollen (er soll hier durchgekommen sein, was soll das?, wenn du ihn nicht treffen solltest, sollte er nicht da sein); die Grundform ohne „zu" bei machen, helfen, fühlen, lehren, lernen, usw., usw. Weiter heißt es für dasselbe Schuljahr unter Satzlehre: „Wunschsätze, Ausrufsätze; Mehrzahl des Zeitworts bei einigen Titulaturen (Majestät); das vor dem Hauptwort stehende Eigenschaftswort oder Mittelwort hat eine Beifügung (die im Hofe stehenden Palmen, das auf dem Hansaplatz errichtete Denkmal, der mit wenigem zufriedene Mann); Umstandswörter des Ortes, der Zeit als Beifügung von Hauptwörtern (mein Brief von vorgestern)". Und wieder weiter: „Vergleichssätze mit dem der zweiten Steigerungsstufe vorangehenden Wort immer (immer kleiner wurde der Dampfer, je weiter er sich entfernte), mit Wiederholung der zweiten Steigerungsstufe (kleiner und kleiner wurde der Dampfer, je weiter er sich entfernte); verkürzte Sätze der Einräumung (Preußen, obwohl von den Franzosen ausgesogen und argwöhnisch bewacht, erhob sich 1813 in allen seinen Teilen mit gleicher

Begeisterung). Allerdings heißt es dann zum Schluß: „Da der elementare fremdsprachliche Unterricht den Schüler zu einem sprach- und sinnrichtigen Gebrauch der Fremdsprache befähigen will, ohne daß ihm der gesetzmäßige Bau der Sprache vollständig zum Bewußtsein gebracht zu werden braucht, wird sich die Einprägung grammatischer Regeln in vielen Fällen erübrigen, und es wird das Schwergewicht auf reichlich dargebotene, wohlgeordnete Übungen zu legen sein."

Das Lehrziel des Rechenunterrichts ist: „Sicherheit in den grundlegenden Zahlenoperationen. Selbständige Ausführung der im gewöhnlichen Leben vorkommenden Berechnungen." Der Lehrstoff des 6. Schuljahres im Rechnen bringt dementsprechend: „Zweisatzaufgaben; Dreisatzaufgaben in geraden und umgekehrten (nicht schwierigen) Verhältnissen; Anwendung auf Preis- und Tauschrechnungen; Münzumrechnungen; einfache Gewinn- und Verlustrechnungen; die Prozentrechnung; Anwendung auf Zoll-, Rabatt-, einfache Kosten-Überschlagsrechnungen; einfache Zinsrechnungen; dazu Berechnung des Flächeninhalts von Quadrat, Rechteck und Dreieck."

Endlich nenne ich den Stoff der Naturlehre aus dem 6. Schuljahre: „Wasser, verbundene Röhren, Wasserleitung, Wasserdruck, Verdunsten, Nebel, Wolken, Regen, Tau, Kreislauf des Wassers. Luft, Luftdruck, Pumpe, Heber, Barometer, Wind, Bestandteile der Luft, Atmung, Feuerung. Schall (Entstehung, Fortpflanzung, Zurückwerfung), Töne, Echo, Donner, Ohr. Licht (Zurückwerfung, Brechung), Spiegel, Farben, Regenbogen, Beleuchtungsmittel, Photographie, Auge, Brille, Fernrohr. Wärme, Wärmequellen, Wirkungen der Wärme, Thermometer, Sieden. Dampfmaschinen, Magnetismus, Kompaß, Elektrizität, Gewitter, Blitzableiter, Element, Batterie, Elektromagnet, Telegraph, Telephon, elektrische Klingel, elektrische Beleuchtung."

Das mögen der Proben aus dem Lehrplan der Regierungsschule in Lome genug sein. Sie stellen an die Schüler ziemlich starke Zumutungen und haben in mir, so oft ich sie durchdachte, die Frage geweckt, ob Schulen solcher Anlage in den primitiven Verhältnissen unserer Kolonien noch als Elementarschulen gelten dürfen.

Und nun von der Elementarschule Afrikas zur Deutsch-Chinesischen Hochschule der Regierung in Tsingtau und ihrem Lehrplan.

Die Schule besteht aus der vorbereitenden Unterstufe und der wissenschaftlich betriebenen Oberstufe.

Die Unterstufe erstreckt sich über einen Lehrgang von fünf Jahren und nimmt junge Chinesen im Alter von mindestens 13 Jahren auf. Diese müssen eine gute chinesische Vorbildung besitzen, welche dem Absolutorium einer „niederen chinesischen Schule der höheren Stufe" entspricht. Die Aufnahme erfolgt nach Prüfung und Überweisung durch den Provinzialschulrat in Tsinanfu oder sonstige chinesische Unterrichtsbehörden.

Vorkenntnisse in der deutschen Sprache und in westländischen Wissenschaften werden für den Eintritt in die Unterstufe nicht verlangt. Die Unterrichtsgegenstände der Unterstufe sind: Deutsche Sprache, Chinesische Sprache und Wissenschaft, Rechnen und Algebra, Planimetrie, Stereometrie, Trigonometrie, Geographie und Geschichte, Naturbeschreibung, Physik, Chemie, Botanik, Zoologie, Einführung in die Philosophie, Gesundheitslehre, Freihandzeichnen, Technisches Zeichnen, Turnen und Musik. Fakultativ werden Stenographie und englische Sprache gelehrt.

Die Oberstufe besteht aus vier Fachabteilungen, einer rechts- und staatswissenschaftlichen, einer naturwissenschaftlich-technischen, einer forst- und landwirtschaftlichen und einer medizinischen Abteilung.

Die rechtswissenschaftlich-staatswissenschaftliche Abteilung umfaßt die gesamte rechts- und staatswissenschaftliche Materie, insbesondere Gesetzeskunde, Völkerrecht, allgemeines Staats- und Verwaltungsrecht, Etatsrecht, Eisenbahn-, Berg-, privates Seerecht, Volkswirtschaftslehre, Finanzwissenschaft, vergleichende Rechtsverhältnisse am Grundeigentum. Ferner soll den jungen Studenten in der Praxis die ordnungsmäßige Führung eines Prozesses klar gemacht und die Aufgabe der Polizeiverwaltung erläutert werden.

Die naturwissenschaftlich-technische Abteilung umfaßt höhere Mathematik, Physik, Chemie und Elektrochemie, Mechanik und Festigkeitslehre, Mineralogie, Geologie und Lagerstättenlehre, Petrographie und Gesteinsmikroskopie, Bergbau, Hüttenkunde und Eisenhüttenwesen, Probierkunde der Erze, Maschinenbau, Eisenbahnbau und Verwandtes, Elektrizitätslehre und Elektrotechnik, Feldmessen und Markscheiderei, Technologie, Zeichnen einschließlich technisches Zeichnen und Konstruieren, Experimentelles Arbeiten in den Laboratorien der deutsch-chinesischen Hochschule, Exkursionen und nach Bedarf Arbeiten in der Schulwerkstätte.

Ich übergehe die Lehrfächer der forst- und landwirtschaftlichen und die der medizinischen Abteilung. Der Eindruck von der Mannigfaltigkeit des Unterrichts und dem hohen Niveau unserer einzigen Hochschule über See ist wohl schon so stark genug, stark genug auch, um die abwechselungsreiche Buntheit der Lehrpläne unserer kolonialen Schulen noch deutlicher als bisher ins Licht treten zu lassen. Es bestätigt sich aber für den Schulbetrieb in jeder Hinsicht, daß Primitivstes und Vollkommenstes oft fast unausgeglichen nebeneinander steht.

Mit den Lehrplänen hängt die Dauer des Unterrichts und die Ferienordnung eng zusammen. Und auch hier überrascht uns die Fülle der Abwechselung. Es gibt tatsächlich Schulen, bei denen die Schüler nur ein- oder zweimal in der Woche, ja gar im Monat auf anderthalb Stunden gesammelt werden, und Schulen mit einem vollbesetzten Stundenplan, der alle Wochentage und täglich fünf bis fast dreißig Stunden Unterrichtsbetrieb umfaßt. Es gibt Schulen, die gar keine Ferien kennen, und solche, die bis zu 4 Monaten im Jahre geschlossen werden. Diese werden von denen noch übertroffen, die auf 14 Tage Schulzeit alsbald 14 Tage Ferien folgen lassen. Da wird von Überbürdung der Schüler wie der Lehrer wohl nicht mehr die Rede sein dürfen.

Schulhaus und Lehrmittel, Lehrer- und Schülermaterial, Lehrplan und Ferienordnung haben wir besprochen. Es fehlt uns noch eins, ein Blick in den eigentlichen Unterrichtsbetrieb, in Disziplin und Methodik des Unterrichts.

Hinter den Schulen der Heimat, gleichviel ob sie Staats- oder Privatanstalten sind, steht das Staatsgesetz, das den Schulbesuch regelt und im Notfall erzwingt. Die Schulen in den Kolonien aber beruhen, mit Ausnahme von denen in Kamerun, wo ein bedingter Schulzwang eingeführt ist, ungeachtet des Interesses, das der Staat an ihnen nimmt, auf völligster Freiheit und Freiwilligkeit. Ihnen fehlt jedes durchgreifende Machtmittel, die Schüler zur Pünktlichkeit beim Schulanfang, zur Reinlichkeit in der Körperpflege und in der Kleidung, zur Beschaffung und ordentlichen Instandhaltung der Schulbücher, Hefte, Tafeln usw., und zur Teilnahme am ganzen Schulkursus oder auch nur zu einem regelmäßigen, mehrjährigen Schulbesuch zu zwingen. Heute kommen sie, morgen bleiben sie fort. Wochenlang erscheinen sie regelmäßig, und dann sieht man sie ein halbes Jahr lang nicht. Schilt der Lehrer oder greift er gar zum spanischen Rohr, so wird das womöglich als Beleidigung empfunden und als Vorwand genommen, um eine Zeitlang zu schwänzen. Treten sie wieder an, dann erwarten sie vielleicht noch ein Lob dafür! Für einen geordneten Schulbetrieb bedeutet das eine unerträgliche Störung und einen unhaltbaren Zustand.

Die Regierung in ihren Schulen ist besser daran. Sie nimmt ja ihre Schüler später zu Beamten, und Beamtenposten sind begehrt. Da wirkt die Möglichkeit, zurückgestellt zu werden, von selbst auf Pünktlichkeit und regelmäßigen Schulbesuch, auf Schulzucht und Aufmerksamkeit. Bei den Missionsschulen aber liegt die Gewinnung und dauernde Bindung der Schüler lediglich an der Person des Schulleiters oder des einzelnen Lehrers.

Der bedingte Schulzwang in Kamerun beruht auf der Schulordnung vom 25. April 1910, die bestimmt, daß diejenigen Schüler, die zur Aufnahme in eine Schule sich freiwillig angemeldet haben oder von ihren Eltern oder elterlichen Gewalthabern angemeldet sind, die Schule bis zum Ablauf der festgesetzten Ausbildungszeit besuchen müssen. Das ist ein sehr glücklicher Gedanke. Er fordert nicht mehr, als billig ist. Er zwingt die Kinder nicht in die Schulen, sondern läßt völlige Freiheit in der Entscheidung, ob ein Kind die Schule besucht oder nicht. Hat sich aber ein Kind einmal zum Schulbesuch entschlossen, dann unterliegt es für die Jahre seiner Ausbildung dem Schulzwang, der, wenn nötig, mit Polizeigewalt und Strafen durchgesetzt wird. Wir werden auf die Zweckmäßigkeit dieser Maßregel noch zurückzukommen haben. Für Missionsschulen hat sie etwas Bedenkliches, und selbst wo sie durchgeführt werden kann, bleibt die Persönlichkeit des Lehrers die beste Bürgschaft für eine gute Schulzucht und einen geordneten Schulbetrieb.

Wir dürfen dabei nicht vergessen, daß dem Lehrer manches seine Aufgabe erleichtert. Gleichviel ob er Europäer oder Eingeborener ist, er ist der Jugend der Vertreter der neuen Zeit und der Vermittler der geheimnisvollen Kunst des Lesens und Schreibens. Es ist infolgedessen kaum überraschend, daß auf die Frage der Fragebogen: „Wird die Schulbildung am Orte geschätzt oder kostet es Mühe, Schüler zu gewinnen?" nur in sehr geringen Ausnahmefällen von einem Widerstand gegen die Schularbeit und von ihrer Nichtachtung geredet wird. Und selbst wo sich die Alten gegen die Schule sträuben, da sucht die Jugend die Schule und erkauft sich den Schulbesuch zum Teil mit recht erheblichen Opfern. Auch die von der Regierung gelegentlich bewiesene Teilnahme, etwa wenn ein Beamter dem Unterricht zuhört, oder der Druck des Häuptlings, der eine Ehre darin sieht, eine gut besuchte Schule im Ort zu haben, helfen zur Disziplin. Immerhin zeigt die Tatsache, daß man in Togo auf Grund einer Vereinbarung zwischen Gouvernement und Missionen die Zahl der Pflichttage für die zur Regierungsprüfung angemeldeten Schüler von 150 auf 120 Tage im Schuljahr herabgesetzt hat, ein wie geringes Verständnis für Schuldisziplin man im Durchschnitt voraussetzen darf.

Ein Stück der Schuldisziplin wird von der Disziplin des Hauses getragen. Dieser für die Heimat geltende Vorteil fällt für die Schule in den Kolonien meist völlig fort. Ein anderer Teil wird durch die Geschlossenheit des Schulzimmers uud seine Anordnung erreicht. Auch das fällt in den Kolonien vielfach fort. Ich deutete ja an, mit wie primitiven Räumen die Schulen zum Teil noch fürlieb nehmen müssen. Wir dürfen, wenn wir dies alles in Rechnung setzen, vom Erfolg der Schulen im Durchschnitt nicht all zu Hohes erwarten.

Mindestens ebenso stark wie die Disziplin hängt die Unterrichtsmethode von der Person des Lehrers und von der Art der pädagogischen Durchbildung, die er empfangen hat, ab, wenn auch im ganzen die Unterrichtsmethode überall in der Welt dieselbe sein wird, nur daß die psychologische Veranlagung der Schulkinder leise Abwandlungen verursacht. Nun wird in den Fragebogen fast durchweg das Gedächtnis und der Nachahmungstrieb der Schulkinder gerühmt. Beides sind Eigenschaften, die der Methodik ebensoviel Vorteile wie Nachteile bieten. Der gedächtnismäßige Unterricht, das äußere Behalten von Gedankenreihen usw. wird wenig Schwierigkeiten machen, aber Hersagen und Verstehen ist doch zweierlei, und es wird beim Unterichtsbetrieb alles darauf ankommen, dem gedankenlosen Schematismus des Auswendiglernens zu wehren. Diese Gefahr droht dem Unterricht unter den primitiven Verhältnissen unsrer Schutzgebiete um so stärker, je unvollkommener noch die Lehrerbildung ist. Gewiß ist erstaunlich viel erreicht, wenn die Londoner Mission für jede Schule in Samoa einen eingebornen Pastor als Leiter hat oder wenn die Norddeutsche Mission in Togo überwiegend seminaristisch gebildete Lehrer beschäftigt. Es ist aber ganz klar, daß selbst diesen am besten durchgebildeten Lehrern, die vielleicht im ganzen eine Ausbildungszeit von 11—12 Jahren hinter sich haben, noch sehr viel an der Reife und Schulung fehlt, die der deutschen Lehrerschaft eignen. Es ist selbstverständlich viel bequemer, Abschnitte des Lese- oder Lehrbuches lesen und auswendig lernen zu lassen, als den Inhalt in katechetischer Form den Schülern innerlich nahe zu bringen. Vielleicht meint auch der Lehrer, gelehrter und würdiger auszusehen, wenn er fortwährend ins Buch sieht, statt seinen Stoff im Kopf zu haben! Es ist weiter unendlich viel leichter, mechanische Rechenfertigkeit zu drillen, als zu logisch richtigem Rechnen und Vorrechnen anzuleiten, leichter zu sagen, wie es gemacht wird, als zu erklären, warum es so und nicht anders gemacht wird. So muß bei unzureichender pädagogischer Schulung der Lehrer auch in äußerlich vollkommen ausgestatteten Schulen mit sorgfältig ausgearbeiteten Lehrplänen der Unterricht manche Schwächen zeigen, und diese Mängel des Schulbetriebes muß man billig in Rechnung setzen, wenn man den Unterrichtserfolg messen und gerecht beurteilen will.

Es handelt sich in unsern Schulen, das zeigt der Überblick über den Schulbetrieb, den wir gewonnen haben, ganz unwiderleglich, eben durchaus um werdende Verhältnisse, um primitivste und primitive Formen der Schularbeit neben entwickelteren Betrieben. Das kann aber auch gar nicht anders sein. Was unser deutsches Volk sich in Jahrhunderten erworben hat, läßt sich nicht in Jahrzehnten und in Jahren in die Kolonien verpflanzen. Die Entwicklung draußen ist schnell genug gegangen, und man möchte manchmal in der Lage sein, ihr Tempo etwas aufzuhalten. Kultur will wachsen, Frucht will reifen. Dazu gehört Zeit, selbst in tropischen Gebieten. Deshalb wollen wir über die Vielgestaltigkeit und Buntscheckigkeit des Schulbetriebes draußen nicht schelten, sondern wollen sie als notwendig begreifen und uns des bisher Erreichten dankbar freuen. Denn überall sehen wir Ansätze einer gesunden Entwicklung.

Wir wollen damit Kritik allerdings nicht ausschalten. Und die wichtigste Kritik werden wir dadurch üben können, daß wir nicht theoretische Erwägungen anstellen, sondern die Frage aufwerfen: „Was läßt sich bei einem so vielgestaltigen Schulbetrieb erreichen? Welches sind die Erfolge der Schularbeit in den Kolonien?“

4. Der Schulerfolg.

Die Übersicht über die bunte Mannigfaltigkeit im Schulbetrieb unserer kolonialen Schulen macht es von vornherein deutlich, daß die Antwort auf die Frage nach dem Schulerfolg nicht mit einem einfachen klaren Satz oder mit wenigen Formeln gegeben werden kann, sondern daß sie ein Eindringen in die schweren Fragen der Erziehung der Eingeborenen und eine verständige Rücksicht auf die vielen Hindernisse des Schulerfolgs fordert. Aber selbst wenn wir das zugeben, ist der Weg, wie wir zu einer Antwort auf die Frage gelangen, noch nicht gewiesen. Was heißt denn Erfolg der Schularbeit? Nach welchem Maßstab mißt man ihn? Ist er überhaupt eine meßbare Größe, oder handelt es sich hier um Imponderabilien, unmeßbare Werte, über die man infolgedessen mit vollem Recht verschiedener Meinung sein kann? Es ist ja doch eine sehr bekannte Tatsache, daß die Ansichten über die kolonisatorische Bedeutung der Missionen im allgemeinen und über den Wert der Schulerziehung der Eingeborenen im besonderen noch heute schnurstracks auseinandergehen und daß, ich denke an die Stimmung der Europäer in Südwest, von vielen alle Schularbeit an Eingeborenen von vornherein als ein Fehler und als ein Mißerfolg angesehen wird.

Versuchen wir also, uns ruhig und gerecht ein eigenes Urteil zu bilden. Was heißt Erfolg der Schularbeit?

Da geht mir der alte lateinische Mustersatz durch den Sinn, der mir bisweilen in der Schulzeit als eine feine kleine Ironie auf sich selbst vorgekommen ist: „Non scholae sed vitae discimus, wir lernen nicht für die Schule sondern für das Leben“. Nein ganz gewiß nicht für die Schule. Der Erfolg der Schularbeit soll sich im Leben zeigen, und wenn wir den Erfolg der Schularbeit messen wollen, dann müssen wir uns die Maßstäbe aus dem Leben und nicht aus dem Konferenzzimmer der Schule holen.

Doch halt, ist's wirklich falsch, wenn eine Schule den Erfolg ihrer Arbeit an der Zahl ihrer Abiturienten und an der Qualität der Leistungen ihrer Schüler in der Schule mißt? Gibt es nicht auch Maßstäbe des Schulerfolges, die mit der Schule und ihrer Wirksamkeit von selbst gegeben sind? Ist nicht das Maß der erworbenen Kenntnisse, der objektive Besitz an Wissen, den die Schüler mitnehmen, auch schon ein Erfolg der Schularbeit, gleichviel ob man ihn für wertvoll oder für schädlich für das Leben hält? Jedenfalls wären wir ungerecht, wenn wir uns durch Vorurteil davon abbringen ließen, die mit solchen Gedankengängen gegebenen Maßstäbe an das Schulwesen in den Kolonien anzulegen.

Einige Fragen der Fragebogen bieten zur Beurteilung brauchbares Material. Dazu gehört schon die bereits erwähnte Frage, ob die Schulbildung im Ort geschätzt wird oder ob es Mühe macht, Schüler zu gewinnen. Denn wenn die Schularbeit sich solcher Achtung erfreut, daß die Schüler von selbst in die Schulen drängen, so ist damit ganz offenbar bereits ein Erfolg der Schularbeit erreicht. Und wenn es auch nicht an Orten — in allen Kolonien — fehlt, wo die Schularbeit „noch nicht" geschätzt wird, andererseits auch nicht an solchen, die den Mißerfolg offen zugeben, die Schule werde nicht mehr geschätzt, im allgemeinen kommt aus allen Kolonien in erfreulicher Übereinstimmung die Meldung, soweit es unter so primitiven Verhältnissen möglich sei, werde die Schule geschätzt, und diese Tatsache stimmt zu der anderen, daß der Schulbesuch von Jahr zu Jahr in steigendem Maße zunimmt. Leider ist es kaum möglich, für zie Anfangszeiten der kolonialen Arbeit zuverlässige Zahlen du bieten. Aber wenn wir nur die Gesamtsumme der Jahre 1901, 1911 und der Gegenwart vergleichen, so haben wir den Beweis für den Erfolg der Schularbeit.

1901 gab es in den Kolonien	1278	Schulen
1911 „ „ „ „ „	2710	„
1913 „ „ „ „ „	3195	„
1901 gab es in den Kolonien	47600	Schüler
zehn Jahr später	149000	„
und jetzt	167000	„

Und wie steht es mit der **Regelmäßigkeit des Schulbesuches**? Wir werden auf diese Frage eine zutreffende Antwort gewinnen, wenn wir etwa Neu-Guinea und Togo nebeneinander betrachten, jenes mit seinem verhältnismäßig einfachen und dieses mit seinem verhältnismäßig recht geförderten Schulwesen. Sieht man in Neu-Guinea von den Kostschulen und Internaten ab, bei denen der Schulbesuch selbstverständlich regelmäßig ist, so überwiegt unter den Antworten auf diese Frage das Urteil: „Regelmäßig" oder: „Ziemlich regelmäßig". Nur werden leider nirgends Prozentzahlen gegeben, und infolgedessen ist es nicht möglich, zu sagen, wieviel Schüler dauernd am Unterricht teilnehmen. Selbstverständlich fehlt es gelegentlich nicht an dem Vermerk: „Läßt zu wünschen übrig" und bisweilen hören wir die Klage: „Sehr unregelmäßig". Das kann aber unter so primitiven Verhältnissen gar nicht anders sein und hebt das Gesamtergebnis nicht auf. Man muß ja im Grunde geradezu staunen, wenn man eine solche Antwort aus Neu-Guinea liest, wie der der Neuendettelsauer Mission aus Pola: „Die Dorfkinder kommen alle Tage so ziemlich alle regelmäßig auf die Station zur Schule aus ihren 1/4—1/2 Stunde entfernten Dörflein, und als Mittel, diese Regelmäßigkeit zu erzielen, steht uns bloß immer wiederkehrende Aufmunterung und Mahnung bei den Schülern oder deren Eltern zu Gebote". Nimmt man die Schule zunächst einmal als Selbstzwek, dann bedeutet solches Urteil sicher erfolgreiche Arbeit. — Neben Neu-Guinea stelle ich die Antworten aus dem Agubezirk der Norddeutschen Mission in Togo, wo die Zahl der regelmäßigen kommenden Schulkinder einmal auf 45%, einmal auf 70%, einmal auf

72 %, einmal auf 73 %, zweimal auf 75 %, zweimal auf 80 %, viermal auf 82 %, zweimal auf 84 %, einmal sogar auf 88 % und einmal auf 90 % angegeben wird. Diese Prozentzahlen für 14 Schulen eines ländlichen Bezirks geben in ihrer Geschlossenheit eine objektive Darstellung des Schulbesuchs, und auch sie bedeuten zweifellos bei dem Fehlen jedes Schulzwanges einen bedeutenden Erfolg. Und dabei handelt es sich hier um Dorfschulen, nicht um die Hauptstationsschulen und die gehobenen Schulen, bei denen die Regelmäßigkeit des Schulbesuchs den Schulen in der Heimat nahe kommen dürfte.

Auch die dritte Frage gehört noch hierher, da sie eng mit den beiden vorhergehenden zusammenhängt, die Frage: „Wieviel Prozent der Schüler halten durchschnittlich bis zum Ende des Schulkursus aus?“ Hier muß man noch mehr als bei der Frage nach der Regelmäßigkeit des Schulbesuchs zwischen Dorfschulen und Stations- und gehobenen Schulen unterscheiden. Bei den Dorfschulen ist der Erfolg z. T. recht gering. Die katholische Mission in Togo rechnet nur mit 6—10 % Schülern, die aushalten, andere Schulen mit 50, 60 %, und das dürfte dem Durchschnitt nahe kommen, während bei den Stations- und gehobenen Schulen meist mit 80, 90 und mehr Prozent gerechnet werden darf. Dieser Erfolg ist um so höher zu schätzen, als unter den von den gehobenen Missionsschulen abgehenden Schülern mindestens die Hälfte wegen sittlicher Unreife oder Unwürdigkeit oder wegen mangelnder Befähigung von den Missionen entlassen werden, während sie ihrem eignen Streben nach wahrscheinlich bis zum Schluß aushalten würden.

Nun zur materiellen Prüfung der Schulerfolge, wobei wieder die Schule erst einmal als Selbstzweck gelten mag. Welche Kenntnisse besitzen mittelmäßige Schüler beim Abgang nach vollendetem Kurs? Auf der Dorfschule oder Außenstationsschule ist das Lehrziel wohl fast allgemeingiltig so zu fassen: die Schüler zum mündlichen und schriftlichen Gebrauch ihrer Muttersprache zu erziehen und ihnen diejenigen elementaren Kenntnisse und Fertigkeiten zu vermitteln, die für eine einfache christliche Landbevölkerung unbedingt nötig sind. Das heißt, bei 142 000 Elementarschülern und durchschnittlich vierjährigem Lehrgang verlassen, wenn man nur 50 % als bis zum Ende der 4 Jahre aushaltend rechnet, jährlich etwa 18 000 die Dorfschule mit der Fertigkeit, die Muttersprache zu lesen und zu schreiben, im Zahlenraum von 1—100 richtig zu rechnen, und mit immerhin beträchtlichen Kenntnissen in der christlichen Religion. Die 6 142 gehobenen Schüler lernen dazu mehr oder minder gewandt deutsch lesen, schreiben und sprechen und steigen zu einem großen Teil in den Seminaren und Katechetenschulen zu einer Bildung auf, die sie befähigt, in ihrem Volk Lehrer, Katecheten und später auch selbständige Geistliche zu werden. Der Schüler der Deutsch-Chinesischen Hochschule vollends hat fast ein akademisches Studium bewältigt, wenn er sieben bis acht Jahre absolviert hat, so daß die Schule sicher auf das Maß positiven Wissens stolz sein darf, das sie ihrem Schüler während der Ausbildungszeit vermittelt hat. Das Gleiche gilt endlich von den Lehranstalten für praktische Arbeit mit ihren 1 500 Schülern und Schülerinnen, gleichviel ob diese in einem Handwerk oder in Hausarbeit oder in sonst welchen Künsten ausgebildet sind. Man müßte, um hier vollständig zu sein, die ganze bunte Abwechselung der Lehrpläne und des Unterrichtsstoffes wiederholen, von der die Übersicht über den Betrieb der Schulen schon reichlich Proben gebracht hat. Wir dürfen diese Gedankenreihe aber nicht abschließen, ohne darauf hinzuweisen, daß der Lehrerfolg der Schulen keineswegs nur in intellektuellem Besitz und in technischer Fertigkeit besteht, daß die Schule in den Schutzgebieten, selbst wo sie religionslos ist, vielmehr sehr viel stärker und deutlicher als die Schule in der Heimat eine Erziehungsanstalt ist, so daß sich der Erfolg der Schularbeit schließlich auch in Kleidung und Haltung, in den Verkehrsformen und im Charakter zeigen wird.

Damit aber tritt das Sätzlein: „Non scholae sed vitae discimus“ wieder in sein Recht, und wir stehen vor der Frage, welchen Wert das durch die Schulen vermittelte Maß von Kenntnissen, Fertigkeiten und Kulturschliff für das Leben hat.

Für das Leben. Damit tut sich uns die ganze Fülle der Kulturbeziehungen der Gegenwart auf, wie sie in den Kolonien und auf die Kolonien wirken, und fast möchte uns das Gefühl der Ratlosigkeit überkommen, wie wir den fließenden Strom dieses Lebens fassen, wie wir in der Mannigfaltigkeit der Erscheinungen die richtigen Gesichtspunkte wählen.

Friedrich Paulsen eröffnet seine geistvolle Darstellung des deutschen Bildungswesens in seiner geschichtlichen Entwickelung mit dem genialen Satz: „Wenn man die großen Epochen der europäischen Kulturgeschichte mit Hinsicht auf das Bildungswesen charakterisieren will, dann kann man mit der einseitigen Zuspitzung, die einem solchen Versuch erlaubt sein muß, sagen: Das klassische Altertum bildet das Individuum für den Staat, das Mittelalter für die Kirche, die Neuzeit für sich selbst.“ Da haben wir die drei wichtigsten Beziehungen für die kolonialen Schulen. Was erreichen sie für den Staat, was für die Missionen, was für die Eingeborenen selbst?

Messen wir den Schulerfolg unter diesen Gesichtspunkten.

Das erste Interesse des Staates an einer jungen Kolonie ist, sie zu erschließen, sie seiner Macht und Verwaltung zu unterwerfen, ihre wirtschaftliche Produktions- und Abnahmefähigkeit für die heimische Wirtschaft nutzbar zu machen und sie auf diesem Wege organisch an das Mutterland anzugliedern. Dazu bedarf es der Kenntnis der Eingeborenensprache und eines von Jahr zu Jahr größer werdenden Stabes eingeborener Beamten, mit denen eine sprachliche Verständigung möglich ist, und der Staat muß wünschen, daß die große Masse der Eingeborenen wirtschaftlich gehoben und in vaterländischem Sinne beeinflußt wird.

Wir haben beim Überblick über den Missionsbetrieb der Verdienste der Schulen um Schaffung einer guten Schulliteratur in der Eingeborenensprache gedacht. Daran sei hier nur erinnert. Tatsache ist, daß ohne die Schulen die Spracherschließung noch längst nicht so weit wäre, wie sie ist, und Tatsache ist, daß die Gouvernements ihre farbigen Beamten zum allergrößten Teil, vielleicht ausschließlich, der kolonialen Schularbeit verdanken. Der Präfekt der Steyler Mission in Lome sagt: „Die meisten Schüler fanden bis jetzt sofort nach Abgang von der Schule Anstellung beim Gouvernement, bei den Bezirksämtern, beim Zoll, als Dolmetscher, Schreiber und Aufseher, bei der Post als Telegraphisten und Postgehilfen, bei der Bahn als Schreiber, Zugführer und Schaffner, als Stationsvorsteher und Streckenaufseher." Das ist eine ganz hübsche Liste von Diensten, die die Eingeborenen leisten können, und der Wert dieser Dienste wird, ich zitiere die gleiche Quelle, durch den Satz beleuchtet: „Es sind gute Hilfskräfte, solange sie unter der Kontrolle eines Weißen stehen; als selbständige Arbeiter haben sich noch wenige bewährt, da ihnen noch das Pflichtgefühl und die nötige Ausdauer fehlt. Diese Eigenschaften müssen erst durch Generationen hineinerzogen werden." Gleiche Bemerkungen kommen aus allen Kolonien, wenn auch in verschiedenem Grade. Es dürfte z. B. den Tiefstand der durch die Aufstände dezimierten Bevölkerung Südwestafrikas kennzeichnen, wenn aus Keetmanshoop und Berseba berichtet wird: „Nur die besten haben bis jetzt Anstellung gefunden, nur ein kleiner Teil hat Gelegenheit, die erworbenen Kenntnisse zu benutzen." Andererseits ist das Bedürfnis nach subalternen eingeborenen Beamten da gering, wo die Erschließung erst anfängt. Das gilt zum Teil von der Inselflur der Südsee und vom Festlande Neu-Guineas.

Eine große Erleichterung der Verwaltung des Landes bedeutet es, wenn zu der Mittelschicht der Deutsch redenden eingeborenen Beamten eine des Lesens und Schreibens kundige Bevölkerung kommt. Es ist sicher ein großer

Erfolg der Schularbeit, wenn z. B. die Missionare von St. Paul auf der Gazelle-Halbinsel von ihren Schülern sagen können: „Sie unterhalten durch Lesen in den Schulbüchern die erworbenen Kenntnisse, können den Inhalt der von der Regierung an die Eingeborenen gerichteten Schreiben verstehen und den übrigen mitteilen und können selbst Schreiben an die Regierung richten. Sie unterhalten Briefwechsel, sind fähiger im Handel mit Weißen und Chinesen, sind fähiger zu besseren Posten im Dienst der Weißen und werden von den übrigen Eingeborenen höher geachtet." Man denke nur, welch' eine Erleichterung der Verwaltung es mit sich bringt, wenn Anfragen, Befehle, Vorladungen schriftlich, womöglich mit der Post, geschickt werden können. Deshalb darf der Bezirksamtmann von Misahöhe mit Recht darauf stolz sein, daß sich in seinem Bezirk allein 184 Schulen befinden. Jede einzelne Schule nimmt der Regierungsmaschine etwas von der Schwerfälligkeit und Unbeholfenheit, die ihr im Kolonialgebiet anfänglich notwendig eignet. Das wird vollends klar, wenn der Berichterstatter der Londoner Missionsgesellschaft in Samoa sein Urteil über die Schularbeit seiner Mission in die Worte zusammenfaßt: „Die breite Masse des Volkes hat jedenfalls kaum noch — ausgenommen höchstens einige alte Leute — Analphabeten in ihrer Mitte, und es dürfte deshalb die Durchschnitts-Volksschulbildung auf einem höheren Niveau stehen, als z. B. in Italien oder Spanien mit dem hohen Prozentsatz von Analphabeten." Alle diese Ausführungen gelten, gleichgiltig, ob die Beamten die Sprache der Eingeborenen, oder die Eingeborenen in den Schulen Deutsch lernen, oder ob eine Mittelsprache sich (wie das Suaheli in Ostafrika) als Verkehrs- und Regierungssprache durchsetzt. Der Wert der Schularbeit ist von der schwierigen Frage, die uns in einem besonderen Kapitel zu beschäftigen hat, ob und wie weit das Deutsche in den kolonialen Schulen gelehrt werden kann und soll, nicht so stark abhängig, wie es manchem auf den ersten Blick scheinen könnte. Deshalb habe ich hier auf die Sprachenfrage noch keine Rücksicht genommen.

Das Urteil aus St. Paul deutet an, wie die Schularbeit das wirtschaftliche Leben der Kolonie beeinflußt. Das bedarf wohl nur einer Unterstreichung. Ich bin mit sehr großem Interesse durch die Lehrwerkstätten des Gouvernements in Lome gegangen, eine Musteranstalt, deren wirtschaftlicher Wert ganz unmittelbar einleuchtet. Was will es doch heißen, wenn mir da Lastwagen und Rikschahs gezeigt werden konnten, die lediglich von Eingeborenen hergestellt waren! Jedes Brett war dort gehobelt, jede Feder dort geschmiedet und alles dort zusammengefügt. Und daß in den Wohnungen der Beamten nur noch Möbel „made in Togo" verwandt werden, die von ebensoviel Handwerkserfahrung wie von gutem Geschmack Zeugnis ablegten, war auch ein Grund zu berechtigtem Stolz für die Anstalt. Ja man reparierte in den Regierungswerkstätten selbst Fahrräder, Automobile und elektrische Installationen, man schneiderte dort die kleidsamen Uniformen der Polizeisoldaten! So ist aller Handfertigkeitsunterricht, ob er in den Lehrplan organisch eingegliedert oder besonderen Lehranstalten für praktische Arbeit vorbehalten ist, ein für die Regierung wertvolles Stück der Erziehung der Eingeborenen und jeder Handwerker, der aus einer Schule hervorgeht, ein für den Staat, für den Handel, für die koloniale Entwicklung, ja für das Land und das Volk wertvoller Erfolg der Schularbeit.

Aber über diesen unmittelbar erkennbaren wirtschaftlichen Erfolg der Schularbeit hinaus liegt ein anderer, der aller Schulerziehung ganz ohne Rücksicht auf den direkten wirtschaftlichen Unterricht zukommt. Mit der Bildung wächst das Bedürfnis. Ein durch die Schule gegangenes Volk wird sich die Kulturgüter der Kolonisatoren mit vollem Recht aneignen. So helfen die Schulen nicht nur, eine gebildete Mittelschicht zu erziehen, sondern das ganze Kulturniveau des Volkes zu heben. Das zeigt sich in Wohnung und Kleidung, in Lebenshaltung und Lebensansprüchen, in der Verbesserung der Volkshygiene, im Werte schaffen wie im Werte brauchen. Das ist der soziale Erfolg der Schultätigkeit für den Staat. Und dieser Erfolg muß in unseren deutschen Schutzgebieten besonders spürbar sein. Das zeigt ein im Jahre 1910 in der Londoner Monatsschrift: The Empire Review and Magazine (Bd. 20 Nr. 117) erschienener Artikel von R. Harrison Harris: „Education in East Central Africa — The German System outlined", in dem der Verfasser Worte uneingeschränkter Anerkennung für die ostafrikanischen Regierungsschulen findet. Er nennt unser Erziehungssystem gesund und wirkungsvoll und weist darauf hin, wie die Wirkung des bisher Erreichten sich sehr deutlich in dem Benehmen der jüngeren Generation auspräge, was man schon beim Landen in einem deutsch-ostafrikanischen Küstenplatz im Gegensatz zu Mombassa oder Sansibar bemerken könne. Er sagt unter anderem wörtlich: „Das deutsche System der Schulerziehung zeigt dem Eingeborenen die Vorteile der Zivilisation und hebt ihn auf eine höhere Stufe der Nützlichkeit und Verwendbarkeit. Er bekommt einen Begriff von der Würde der Arbeit, erlangt Kenntnis vom Deutschen Reiche, dem Deutschen Kaiser und seinen Vertretern und lernt ihnen die schuldige Ehrfurcht erweisen."

Das Urteil des englischen Beobachters dürfen wir uns dankbar aneignen. Es stellt unparteiisch fest, welche Erfolge die deutsche Schularbeit für die vaterländische Erziehung der uns unterworfenen Kolonialvölker hat, und führt in seiner Grundstimmung zuletzt auf die Gedanken zurück, die wir erwogen haben, als wir uns die Bedeutung der kolonialen Schularbeit in der entscheidenden Zeit eines starken Zusammenstoßes verschiedener Kulturen klar machten. Es ist gar keine Frage, wegen ihrer Erfolge in der intellektuellen Bildung, in der Charaktererziehung und in der sozialen Hebung der Eingeborenen im Sinne deutscher Kolonialwirtschaft und deutscher Kolonialpolitik verdient die Schule in den Kolonien die allergenaueste Aufmerksamkeit und die nachdrücklichste Förderung des Staates und aller an der kolonialen Arbeit beteiligten Mächte und Menschen.

Die zweite Beziehung, auf die hin wir die Erfolge der

Schularbeit für das Leben der Kolonien untersuchen wollten, war ihr Wert für die Missionsarbeit. Dabei erinnere ich noch einmal an die Bemerkung, daß die Elementarschulen der Missionen, und nur Missionsschulen können, da die Regierungsschulen religionslos sind, hier in Betracht kommen, nicht als Bekehrungsanstalten angesehen werden dürfen. In der Beziehung wäre ihr missionarischer Erfolg sehr gering. Er stünde in keinem Verhältnis zu dem Aufwand an Zeit, Menschenkraft und Geldkosten, den die Missionsschulen verursachen. Es wäre interessant, das einmal mit Zahlen zu belegen. Leider aber sind die Angaben der Fragebogen nicht ganz zuverlässig. Immerhin ergeben sie für die afrikanischen Schutzgebiete, daß von den 62 820 Schülern und Schülerinnen der evangelischen Missionsschulen 46 636 als Heiden nachgewiesen werden, und für die 50 395 Schüler und Schülerinnen der katholischen Schulen 26 817. Es ist anzunehmen, daß die Zahl der Heiden beidemal etwas höher angesetzt werden muß. Aber selbst wenn wir die Zahlen gelten lassen, zeigen sie schon, daß mindestens 74 % der Schüler auf evangelischen Schulen und 53 % der Schüler auf katholischen Schulen Heiden sind, also nur die Hälfte bis zu einem Viertel der Schularbeit sich an Kinder der christlichen Gemeinden wendet. Selbstverständlich ist es den Missionen nicht gleichgiltig, ob ihre Schüler später einmal Christen werden, vielmehr wird die Schularbeit bewußt mit der Absicht getan, durch die stetige, ruhige, pädagogisch überlegte Einwirkung der Schule den Übertritt zum Christentum vorzubereiten. Daß die Schularbeit in dieser Hinsicht Erfolge hat, zeigt ein Blick auf das Verhältnis zwischen Christen und Heiden auf den gehobenen Schulen. Wir nehmen wieder den Durchschnitt für die afrikanischen Schutzgebiete. Den 1151 christlichen Schülern und Schülerinnen der evangelischen Mission auf gehobenen Schulen stehen nur 1164 heidnische gegenüber, das Verhältnis von $1/4 : 3/4$ hat sich also fast auf halb und halb verschoben. Das ist noch viel stärker in den Schulen der katholischen Mission der Fall, für die auf 714 Christen nur noch 145 Heiden kommen, also nicht mehr 47% Christen und 53% Heiden, wie auf den Elementarschulen, sondern 83% Christen und 17% Heiden. Allerdings ist dieser Wechsel der Prozentsätze nicht ausschließlich auf die Taufe von Heiden, sondern noch stärker auf die Beobachtung zurückzuführen, daß die Kinder aus christlichen Häusern treuer und ausdauernder im Schulbesuch sind als die Heiden, und darin zeigt sich ein zweiter wichtiger Erfolg der Schularbeit für die Mission. — Durch die Schularbeit hebt sich langsam und stetig der intellektuelle, und, das darf ich gleich hinzufügen, der ethische und religiöse Bildungsstand der kolonialen Völker. Das ist aber die notwendige Bedingung zur Überleitung der missionarischen in die kirchliche Arbeit, der erste Schritt auf dem Wege zur kirchlichen bezw. religiösen Selbständigkeit und Mündigkeit. Unter diesem Gesichtspunkt will auch das Heer der eingeborenen Lehrer betrachtet werden, von denen 2203 der evangelischen, 1035 der katholischen Mission zugehören. Aus ihnen bildet sich der Stand der eingeborenen Geistlichen, deren wir auf evangelischer Seite eine geringe Anzahl in Togo, Ostafrika und auf Samoa, vermutlich auch in der methodistischen Mission in der Südsee finden, während die katholische Mission in dieser Beziehung zurücksteht und es aus verschiedenen Gründen — ich erinnere an den Zölibat — noch nicht zu eingeborenen Priestern gebracht hat.

In dem Hinweis auf die Ausbildung eingeborener Lehrer und Geistlicher ist schon beschlossen, was noch ausdrücklich gesagt werden muß, daß nach Wille und Wirkung der Haupterfolg der Missionsschule in der erzieherischen Beeinflussung liegt, „in der Stärkung des Willens und Veredelung des Herzens, darin, daß aus dem harten Ebenholz", wie Abt Norbert Weber auf dem letzten Kolonialkongreß sich ausdrückte, „Charakterköpfe herausgemeißelt werden". Das aber greift über in die dritte und wichtigste Gedankenreihe, unter der wir die Erfolge der Schularbeit prüfen müssen, in die Frage der Wirkung der Schule auf die Eingeborenen selbst.

Alle früheren Gesichtspunkte, die wir geltend gemacht haben, sind irgendwie durch den Zweckgedanken, durch die Nützlichkeit bestimmt, wenn sie auch zuletzt auf sittliche Beurteilungen hinführten. Jetzt sollen die Fragen nach der Nützlichkeit für die kolonisierende Macht und nach den Zwecken, die mit der kirchlichen Entwicklung gegeben sind, ganz hinter den zuletzt ausschlaggebenden sittlichen Werten, hinter den Idealen der Kultur und Humanität zurücktreten. Darum fragen wir jetzt: Sind die Eingeborenen unserer Kolonien für die Schularbeit reif? Entspricht das, was dort gelehrt wird, ihren Fähigkeiten und Bedürfnissen? Erzieht die Schule wirklich Charaktere oder vielleicht Menschen, die der Arbeit oder gar ihrem Volkstum entfremdet werden? Erst die Antwort auf diese Fragen beseitigt die letzten Zweifel über den Wert und Erfolg der Schularbeit.

Sind die Eingeborenen für die Schularbeit reif? Entspricht das, was dort gelehrt wird, ihren Fähigkeiten und Bedürfnissen? Die Fragebogen enthielten die Frage: „Wie sind die geistigen Fähigkeiten der Schüler verglichen mit gleichaltrigen Kindern in Europa? Wie die der eingeborenen Mädchen zu den Knaben?" Die Antworten auf diese Frage, so mannigfaltig sie sind, sind in dem einen einstimmig, ob sie aus Togo kommen oder aus Südwest, aus der Südsee oder aus Samoa, von Nomaden oder Inselvölkern, von Handelsvölkern oder Ackerbauern, daß kein Volk für die Schule zu unbegabt ist. Allerdings hat ein Vergleich zwischen Europäerkindern und Eingeborenen sehr große Schwierigkeiten, und es kommt vor, daß zwei Missionare derselben Station, die unter denselben Schulkindern arbeiten, je nach ihrer Veranlagung die Europäerkinder oder die Eingebornenkinder für begabter halten, aber für unbegabt, für intellektuell unreif für die Schule werden die Kinder in den 2258 Fragebogen meines Wissens nicht ein einziges Mal erklärt. Das ist ein sehr wertvolles Ergebnis der Umfrage und ein sicheres Fundament für die Beurteilung wirklichen Schulerfolges. Im übrigen neigen einige Urteile dazu, die Fähigkeiten der Eingeborenenkinder über die der Europäerkinder zu stellen, oder sie ihnen mindestens gleichzusetzen, während die Mehrheit die Naturkinder etwas, teilweise sogar beträchtlich hinter die Kinder der weißen Rasse zurückstellt. Ich gebe einige der charakteristischen Antworten im Wortlaut wieder. So schreibt der Präfekt der Steyler Mission in Togo: „Diese Frage habe ich nur von einzelnen Missionaren separatim beantworten lassen und fast einstimmig lautete die Antwort, daß die geistigen Fähigkeiten der hiesigen Knaben denen der europäischen Knaben wenigstens gleichstehen. Und in der Tat, erwägt man die vielfachen und großen Schwierigkeiten, unter denen sich die hiesigen Schüler ihr Wissen aneignen müssen, und hält man die günstigen Bedingungen, unter denen sie in Europa ihre Schulzeit durchlaufen, dagegen, und sieht man, daß die Kenntnisse der meisten hiesigen Schüler beim Verlassen der Schule denen der Schüler von Landschulen in Europa kaum viel nachstehen, so wird man keinen Zweifel mehr hegen können, daß die hiesigen Knaben an geistigen Fähigkeiten wohl mit ihren Altersgenossen in Europa sich messen können". Ähnlich urteilt der Vorsteher des Seminars in Amedzowe in Togo, daß die Schüler nicht wesentlich hinter den weißen Altersgenossen zurückstehen. Auffassung, Gedächtnis, Reproduktion, Nachahmung seien besser in Afrika, logisches Denken geringer. „Ich bin überzeugt, daß ein mittelmäßig begabter Eweer schneller und besser Chinesisch lernen würde, als ein mittelmäßig begabter Europäer. Tatsache ist, daß unsre, drei Jahre in Deutschland ausgebildeten Gehilfen während dieser Zeit besser Deutsch gelernt haben, als Durchschnittseuropäer in der doppelten oder dreifachen Zeit Ewe zu lernen vermögen". Ein Urteil aus der Basler Mission in Kamerun lautet: „Es besteht große Verschiedenheit der Begabung bei den verschiedenen Stämmen. Die Duala, Abo, Balimba und andere Stämme der Küste sind gut begabt, haben meist ein ausgezeichnetes Gedächtnis, sind sprachbegabt. Die Stämme des Waldgebietes stehen weit zurück". So könnte ich fortfahren mit allerhand Urteilen. Der Tenor ist immer derselbe, bald etwas mehr Lob, bald etwas mehr Zurückhaltung, und in dem Einen volle Übereinstimmung, daß von einer Unfähigkeit für die Schule nicht die Rede sein kann.

Um so wichtiger ist es, zu prüfen, ob die Unterrichtsgegenstände für das Leben der Eingeborenen wirklich einen praktischen Wert haben, ob sie ihnen wirtschaftlich Vorteil, sittlich Förderung bringen. Die Prüfung scheint bei den einfachen Dorfschulen recht einfach. Denn wie etwas Lesen, Schreiben und Rechnen in der Muttersprache dem Menschen sittlich schaden soll, ist wirklich nicht einzusehen, welchen Nutzen es aber bringt, können wir uns kaum mehr vorstellen, weil wir diese Künste gar nicht mehr aus unserm Dasein fortzudenken vermögen.

Nein, das Lesen, Schreiben, Rechnen an sich bringt keinen Schaden, aber es kann in der Tat als Reizmittel wirken, das die Landbevölkerung dem Lande und der angestammten bodenständigen Arbeit entfremdet. Solche Beobachtungen werden aus Togo berichtet. Da heißt es z. B. aus der Umgebung der Stadt Lome: „Die Schüler auf den Außenstationen benutzen die erworbenen Kenntnisse meist, um in Lome die oberen Klassen unserer Stationsschule zu besuchen, um später eine Anstellung bei den Europäern zu bekommen. Es ist leider wenig Lust vorhanden, nach dem Besuch der Außenstationsschule auf ihren Acker zurückzukehren". Andeutungen ähnlicher Art kommen auch aus dem Innern Togos. Ebenso heißt es von den Schülern der Landschulen Kameruns leider meistens: „Fast alle versuchen, weiter zu lernen. Vielfach erlernen sie ein Handwerk. Oder sie besuchen die höheren Schulen. Nur ein Teil baut nach der Schulzeit in alter Weise den Acker". Aus Südwest sind solche Klagen nicht eingegangen. Auch in Ostafrika fehlen sie noch, man müßte denn die Feststellung aus Mahoma im Moschibezirk als Klage nehmen, daß der größere Teil der Schüler beim Landbau bleibe. In der Südsee sind die Verhältnisse auch noch nicht entwickelt genug, als daß die Schüler ihrer Heimatkultur in bedenklichem Grade entfremdet würden. Eine Gefahr besteht offenbar in um so höherem Maße, als das Land sich der europäischen Zivilisation erschließt. Dann stellt sich schon bei den Landschulen als eine unerfreuliche Begleiterscheinung der neuen Zeit, eine Abwanderung vom Lande in die Stadt, eine Entfremdung von der Scholle, das Entstehen eines Bildungsproletariats ein. Nur erhellt bei genauerem Nachdenken, daß man die Schuld an einer falschen Stelle sucht, wenn man sie den Schulen zuschreibt. Es kann ja gar nicht anders sein, als daß immer die Gewecktesten die Schulen suchen, und, daß sie, sobald sich Gelegenheit findet weiter zu kommen, diese Gelegenheit ausnützen. Der Erfolg der Schularbeit wird durch diese Feststellung nicht beeinträchtigt, wohl aber erwächst der Schule, wenn sich die Verhältnisse so weit entwickelt haben, eine neue große Aufgabe, die Arbeitserziehung, die wichtig genug ist, in einem besonderen Kapitel behandelt zu werden.

Zeigen schon einfache Landschulen solche bedenklichen Begleiterscheinungen, so werden wir uns nicht wundern, wenn wir ihnen in verstärktem Maße bei den gehobenen Schulen begegnen. Bei ihren Schülern kann man wirklich von Kulturschliff reden, der bei aller Halbbildung zu Dünkel und Eitelkeit führt, zumal wenn der Betreffende sich einbildet, Deutsch zu können und zum Arbeiten zu gut zu sein.

Es ist aber für den Kundigen nur selbstverständlich, daß diese Gefahr von den Berichterstattern, wo sie ist, deutlich erkannt und offen zugegeben wird, höchstens ist die Derbheit der Antwort eine Überraschung. So heißt es in einer Antwort aus Kamerun geradezu, daß aus den Schülern „manchmal raffinierte Strolche" werden, die schlimmer sind, als die ohne Schulbildung, oder es wird milder gesagt, die Geschulten fühlten sich erhaben über die anderen, die keine Schule durchgemacht haben, oder auch, sie seien „die Aufgeklärten, die Fortschrittler", die darum „allen Einflüssen der

Europäer, guten und schlechten, besonders offen" stünden. Man erkenne sie daran, daß sie „fast alle Uniformknöpfe oder Kokarde trügen". Dieselbe Klage klingt in verschiedenen Variationen in Antworten aus allen Kolonien wieder. Sie steigert sich gelegentlich fast zu offenbarem Pessimismus. Aber, und das ist das Entscheidende, sie bleibt vereinzelt. Sie tritt zurück hinter der Übermasse der Stimmen, die in der Schule eine wirkliche sittliche Förderung für die Eingeborenen anerkennen. So sagt ein Urteil aus der Basler Mission, das als ein Durchschnittsurteil über die Erfolge der Schularbeit in Kamerun angesehen werden darf: „Bezüglich ihres Verhaltens darf man sagen, daß die Eingeborenen, die eine Schule besucht haben, sich durch ihre Gesinnung, durch Gottesfurcht, Demut, Gehorsam, Wahrhaftigkeit, Verträglichkeit, Höflichkeit usw. von denen unterscheiden, die keine Schule besucht haben." Ähnlich urteilt ein Votum aus Gibeon in Südwestafrika: „Insofern sie später mit Lust und Liebe ihren Lebensberuf, die Arbeit bei anderen Leuten, suchen und verrichten, werden sie die ohne Schulbildung Aufgewachsenen in Bezug auf Leistungen und Betragen natürlich weit überragen". Als sehr charakteristisch füge ich weiter ein Urteil aus Handei Mlalo in Ostafrika an: „Für die meisten kommt die Schulbildung nicht als besondere Berufsvorbildung in Betracht, sie bewirkt in erster Linie Hebung der Allgemeinbildung. Bei den eigentlichen Heiden bewirkt die Schule in dem äußeren und inneren Lebenswandel keine spürbare Veränderung. Manche Schüler werden aber von Gottes Wort erfaßt; bei denen kommt es zu einer tiefergehenden Erneuerung des ganzen Lebens." Das ist sehr nüchtern geurteilt, enthält vielleicht gar einen pessimistischen Einschlag und bedeutet doch eine volle Anerkennung des Schulerfolges. Wieder könnte ich die Zahl der Urteile ohne Schwierigkeit vermehren. Aber die Proben werden genügen. So gewiß wir den Wahrheitsgehalt der skeptischen Minderheit anerkennen, so gewiß sind wir verpflichtet, auch der optimistischen Mehrheit zu glauben. Die Schule bringt den Eingeborenen in der Tat eine Schulung des Charakters, eine Erziehung zu edlerer Menschlichkeit.

Allerdings ergibt sich aus der Erkenntnis der Gefahren einer Überbildung, einer Fütterung mit unverdaubarem Lehrstoffe, die Aufgabe, die Lehrpläne daraufhin anzusehen, was aus ihnen um der Charakterbildung willen ausgeschieden werden muß. Dieser Gesichtspunkt ist im Auge zu behalten, wenn wir die Sprachenfrage behandeln.

Endlich ist einer letzten Gefahr zu gedenken, die im angloamerikanischen Unterrichtsbetrieb sehr stark hervortritt. Im Bericht der Edinburger Weltmissionskonferenz heißt es z. B. (Bd. 4 S. 167): „Es wird allgemein zugegeben, daß die Elementarbildung, die man den Eingeborenen Südafrikas gegeben hat, sich zu eng an die Richtlinien angelehnt hat, die das Gouvernement für die Unterweisung der Europäerkinder niedergelegt hatte." Mit diesem Geständnis ist die Gefahr zugegeben, daß die Schule dazu beitragen kann, die Eingeborenen zu entnationalisieren, sie zu europäisieren, statt sie zu erziehen zu einer ihnen genuinen, ihrem Lande, ihrem Volkstum angepaßten und doch in den Rahmen der Weltkultur einbezogenen Eigenkultur.

Da es sich in unseren Schutzgebieten ganz überwiegend um deutsche Missionsgesellschaften handelt und auch die englisch-amerikanischen sich unter dem Druck der Verhältnisse der deutschen Erziehungsweise angepaßt haben, wir Deutschen aber leider viel eher in Gefahr stehen, unser Volkstum zu verleugnen als es zu stark zu betonen, ist die Gefahr der Entnationalisierung der Eingeborenen in unseren Schutzgebieten, wenn überhaupt, nur in einem sehr geringen Grade hervorgetreten. Sie wird um so eher vermieden, je stärker sich in der Schularbeit der Grundsatz durchsetzt, daß die Schule in den Kolonien nicht um des kolonisierenden Volkes, sondern um der Eingeborenen willen da ist und selbstlos deren sittliche Förderung als letztes Ziel im Auge haben muß. Um so mehr wird dann auch der Erfolg der Schularbeit zunehmen.

Die sittliche Förderung der Eingeborenen aber, das ist die Überzeugung, die als letzte Triebkraft hinter den Missionsschulen steht, ist wirksam nur möglich auf Grund einer religiösen Beeinflussung. Deren Erfolg entzieht sich der Statistik und der wissenschaftlichen Erfassung. Darum kann und soll von ihm hier nicht die Rede sein. Wer solchen Erfolg erkennt und anerkennt, sieht ihn auch in der Arbeit der Missionsschulen. Und wer ihn anerkennt, dem steht dieser Erfolg so hoch, daß er allein entscheidet. —

5. Die Sprachenfrage.

Als auf dem zweiten Kolonialkongreß im Jahre 1905 in Berlin ein die Sprachenfrage in den Kolonien betreffender Antrag zur Beratung stand, führte der Präsident, Herzog Johann Albrecht zu Mecklenburg, geistvoll und schlagfertig eine Spannung unter den Teilnehmern überbrückend, die Abstimmung durch die Frage herbei: „Wer ist gegen die Verbreitung der deutschen Sprache?" Damit war zwar im Augenblick die Schwierigkeit gelöst, wie die verschiedenen Richtungen, die auf dem Kongreß vereinigt waren, zu einem Beschluß zusammenkommen könnten, aber die große, schwierige Sprachenfrage konnte und sollte durch diese Wendung nicht gelöst merden. Es werden wohl Jahrzehnte dazu gehören, bis eine allgemein befriedigende Lösung gefunden ist. . . Eine endgiltige Lösung kann und will auch ich nicht geben. Es dürfte aber bei einer Darstellung des Schulwesens in den Kolonien dennoch möglich, ja unvermeidlich sein, in die Schwierigkeit der Frage unter dem Gesichtspunkt der Schule und ihrer Ziele einen Einblick zu geben, die Triebkräfte zu zeigen, die hinter den verschiedenen Richtungen stehen, und zu selbständigem Urteil anzuleiten.

Um was handelt es sich?

Zunächst nicht darum, daß es einige Schulen in den Kolonien zu Spezialitäten im Sprachunterricht gebracht haben, so die Inderschule der Regierung in Bagamoyo, die das Guzerati als Schulsprache kennt, so einige gehobene Schulen der katholischen Mission, die z. B. in Neuköln und Ushirombo in Deutsch-Ostafrika in Rücksicht auf die Ausbildung der Eingeborenen zu künftigen Priestern lateinischen Unterricht eingeführt haben, oder in Dunapope *)

*) Ebenso wie zwei Schulen der britischen Universitäten-Mission in Deutsch-Ostafrika.

englischen Unterricht kennen, obwohl man da aus kolonisatorischen Gründen recht starke Bedenken haben könnte, oder gar auf ihrem Mädcheninternat auf Jaluit Englisch und Französisch in die Kinder der Südsee hineinpfropfen. Das alles sind Spezialitäten, die man verstehen oder über die man den Kopf schütteln kann, aber sie bieten in ihrer Vereinzelung doch keine Probleme, die uns länger beschäftigen müßten.

Nein, es handelt sich um die Frage, ob in den Volksschulen und in den gehobenen Schulen die Volkssprache oder eine Fremdsprache, und wenn darüber die Entscheidung getroffen ist, welche Volkssprache oder welche Fremdsprache den Unterricht beherrschen soll.

Es wird aber, ehe wir in die grundsätzlichen Erörterungen eintreten, gut sein, wenn wir uns zuvor einen objektiven Überblick über den Bestand in den verschiedenen Kolonien verschaffen. Die Mannigfaltigkeit der Abschattierungen wird uns das Sprachenproblem sofort in seiner ganzen Verwickeltheit und Schwierigkeit klarmachen.

Wir haben vier verschiedene Erscheinungsformen der Sprachenfrage in unseren Schutzgebieten. Weite Distrikte der Südsee, Samoa, Kiautschou zeigen ein friedliches Nebeneinander der herrschenden Eingeborenensprache und des Deutschen als der für befähigtere Schüler zunächst allein in Betracht kommenden Fremdsprache, vielleicht der normale Zustand für eine gesunde Entwickelung. Die Eingeborenensprache, die dem Unterricht zugrunde gelegt wird, steht, weil jede Konkurrenz fehlt, von vornherein fest. Man braucht nicht zu fragen, welche kommt in Betracht, welche ist die leichteste, welche hat Aussicht, die herrschende zu werden, sondern nimmt die, die da ist, und fügt zu ihr, lassen wir die Motive, weshalb, noch dahingestellt, die dem herrschenden Volk eigne, die deutsche Sprache, für die geförderteren Schüler. Ganz anders liegt die Sache zweitens in Deutsch-Ostafrika. Hier hat sich in einem ganz auffallenden

Maße und in einer von Jahrfünft zu Jahrfünft deutlicher erkennbaren Beschleunigung das Suaheli als lingua franca durchgesetzt, eine verhältnismäßig leichte, mit viel Fremdwörtern aus dem Arabischen und anderen europäischen Sprachen durchsetzte Eingeborenensprache. Sie steht im Begriff, als Schul- und Verkehrssprache die Sprache Ostafrikas zu werden, mit der man sich überall verständigen kann. So nimmt sie eine Mittelstellung zwischen den vielen kleinen Eingeborenensprachen und dem nur einem kleinen Kreise bevorzugter Eingeborener zugänglichen Deutschen ein. Wieder ein ganz anderes Gesicht zeigt dasselbe Problem drittens in Südwestafrika. Hier besteht offenbar Aussicht, das Deutsche geradezu zur herrschenden Sprache zu machen, und deshalb Neigung, es womöglich unter Zurückdrängung der Eingeborenensprachen zur alleinigen Schulsprache zu erheben, ein gewiß bestechender Gedanke, der deutschen Sprache und damit dem deutschen Volkstum ein so großes Siedelungsgebiet in erträglichem Klima, wie Deutsch-Südwestafrika, zu gewinnen. Ein viertes Gesicht endlich zeigt die Sprachenfrage in Neu-Guinea, in einigen Gebieten des Bismarck-Archipels, in Kamerun und Togo: Das Deutsche im Kampfe mit dem Englischen oder seinem häßlichen Stiefbruder, dem Pigeonenglisch, und gleichzeitig im Streit mit den Eingeborenensprachen, wem die Herrschaft oder wenigstens das Übergewicht zufallen soll.

Versuchen wir, diesen gegenwärtigen Zustand geschichtlich zu begreifen und vor allem die Motive, die zu ihm geführt haben, zu verstehen, so liegen die Verhältnisse für Samoa und die Inselflur der Südsee außerordentlich einfach. Die insulare Abgeschlossenheit einerseits, die Einheitlichkeit der Volkssprache andrerseits boten gar keine andre Entwicklungsmöglichkeit, als die, die Eingeborenensprache als die dem Volk geläufige und natürliche der Schularbeit zugrunde zu legen und der Herrschaft des deutschen Volkes durch Einführung deutschen Sprachunterrichts seinen ganz naturgemäßen Ausdruck zu geben. Von einem Widerstreite oder einem Wetteifer zwischen der Muttersprache der Eingeborenen und dem Deutschen konnte und brauchte gar keine Rede zu sein. Ganz ähnlich liegen die Verhältnisse in Kiautschou, wo man natürlich nicht daran denken kann, das Chinesisch, diese alte Kultursprache, die von 300—400 Millionen Menschen geschrieben wird, zu verdrängen, und es ist nur ein Zeichen für das Selbstbewußtsein der deutschen Regierung, wenn sie auf ihren eigenen Schulen neben dem Deutschen aus Handelsrücksichten das Englische als fakultativen Lehrgegenstand zuläßt. In allen übrigen Kolonialgebieten entstanden die Schwierigkeiten dadurch, daß im wesentlichen zwei ganz verschiedenartige Tendenzen gegeneinander wirkten, die deutsch-nationale, die, die Sprache als die Scheide des Geistes wertend, durch Pflege der deutschen Sprache deutschen Geist, deutsche Kultur, deutsche Herrschaft, und vielleicht deutsche Vaterlandsliebe verbreiten möchte, und die volkstümliche, die der Eigenart der Eingeborenen ihr Recht lassen, darum ihre Sprache, und mit der Sprache ihre Kultur, ihre Sitte, ihr Recht schonen und erhalten möchte. An sich würden, wie das friedliche Nebeneinander beider Tendenzen in Samoa und sonst vielfach zeigt, beide Richtungen gar nicht gegeneinander zu sein brauchen. Aber durch die Verquickung mit Nützlichkeitsrücksichten und durch Eintragung politischer Erwägungen ist im Laufe der Geschichte ein Antagonismus zwischen beiden Richtungen entstanden, der heute eine ruhige sachliche Erörterung erschwert, zumal da man die gesunden Grundgedanken oft einseitig so zugespitzt hat, daß sie offenbar Unhaltbares forderten. So hat man aus pädagogischen Rücksichten sich gegen jede Fremdsprache in den Kolonien gewehrt, oder man hat aus patriotischen Erwägungen heraus die Eingeborenensprachen kurzerhand durch das Deutsche zu ersetzen vorgeschlagen, und dadurch das eine Mal dem Verdacht Raum gegeben, als ob man vaterlandslos und undeutsch handelte, im anderen, als ob man entweder rücksichtslose Herrenmoral verträte, oder selbst zu bequem wäre, die Eingeborenensprache zu erlernen.

Daß damit nicht zu viel gesagt ist, wird die Geschichte des Sprachproblems in unseren westafrikanischen Kolonien sofort klarmachen.

Ehe 1884 Togo und Kamerun besetzt wurden, stand ganz Westafrika unter englischem Einfluß. Das galt besonders für die Sklavenküste, das heutige Togo, wohin durch Handel und Mission die Herrschaft des Englischen getragen wurde. Die englische Kolonialpolitik ist ja Jahre lang von dem Gedanken getragen gewesen, die englische Sprache über See heimisch zu machen, und von den englischen Missionen hat man sogar scherzhaft gesagt, sie übersetzten sich den Missionsbefehl in die Worte: Gehet hin und lehret Englisch alle Völker. Auch die seit 1847 auf der Goldküste arbeitende Norddeutsche Missionsgesellschaft hatte sich trotz energischen Widerstrebens der heimischen Leitung dem moralischen Druck des englischen Gouverneurs nicht entziehen können und in ihren Schulen englischen Unterricht eingeführt. Die Nachfrage nach englischem Unterricht blieb, auch als Togo deutsch geworden war, so stark, daß die 1892 einsetzende katholische Steyler Mission, nachdem sie sich zuerst gerühmt hatte, in ihren Schulen nur deutschen Unterricht zu erteilen, im Jahre 1895/96 englischen Unterricht in der deutschen Kolonie einführte, obwohl die Regierung sich gegen jeden englischen Unterricht ausgesprochen hatte. Und zwar handelte die Steyler Mission nicht nur in der Hauptstadt Lome so, sondern auch in Porto-Seguro, Anecho und im Innern in Agome Palime. Noch im Jahre 1900 lernten die Kinder in Lome aus englisch-deutschen Übungsbüchern das Deutsche, nachdem sie zuvor mindestens 1½ Jahre englischen Unterricht gehabt hatten. Dieses Vorgehen der katholischen Mission zwang dann die Norddeutsche Mission gegen ihren Willen zeitweilig auch das Englische wieder in ihren Schulen zu treiben. Noch der amtliche Jahresbericht über die Entwicklung der deutschen Schutzgebiete vom Jahre 1904 sagte von Togo: „Die Eingeborenen der Küstengegenden legen bisher mehr Wert darauf, die englische Sprache zu lernen als die deutsche, da die Kenntnis der ersteren ihnen mehr Vorteil verspricht. Dies gilt namentlich von denjenigen, welche sich dem Handel widmen wollen, sei es als selbständige Händler, sei es als Angestellte der europäischen Firmen. Das Englische ist im geschäftlichen Leben noch durchaus vorherrschend; sogar die Buchführung ist bei den meisten Firmen englisch. Die meisten Kaufleute glauben hiervon aus geschäftlichen Rücksichten nicht abgehen zu können, zumal da sie durchweg in lebhaften geschäftlichen Beziehungen zu den englischen Kolonien stehen."

Das war natürlich für alle lebhaft deutsch empfindenden Beamten, Missionare und Kaufleute ein schwer zu ertragender Übelstand. Es ist deshalb begreiflich, daß man dagegen protestierte. Schon am 23. Oktober 1896 empfahl der Kolonialrat der Regierung „unter Berücksichtigung der in Betracht kommenden Verhältnisse darauf hinzuwirken, daß wenn in den Schulen (d. h. innerhalb der deutschen Schutzgebiete) neben der Sprache der Eingebornen noch eine andere gelehrt wird, die deutsche in den Lehrplan aufgenommen werde". Von ihrem Standpunkt aus völlig korrekt, richtete dann im Februar 1902 die Leitung der Norddeutschen Missionsgesellschaft die Bitte an das Gouvernement, entweder das Verbot des englischen Unterrichts in den evangelischen und katholischen Missionsschulen streng durchzuführen oder es aufzuheben unter der Voraussetzung, daß in erster Linie Deutsch gelehrt werde.

Eine lebhafte Diskussion über die Frage des Sprachunterrichts führte im Ausschuß der Deutschen Kolonialgesellschaft am 23. Oktober 1903 zu einem Beschluß, bei der Reichsregierung in dem Sinne vorstellig zu werden, daß in der deutschen Kolonie Togo keine Fremdsprache außer Deutsch gelehrt werden dürfe. Es blieb aber erst dem tatkräftigen Eingreifen des verdienstvollen Gouverneurs Graf Zech vorbehalten, den Wunsch der Kolonialgesellschaft zu verwirklichen. Schon als stellvertretender Gouverneur hielt er am 15.—17. März 1904 in Lome eine Schulkonferenz, die zu einer einheitlichen Regelung der Sprachenfrage führte. Vom 1. Januar 1906 ab sollte in den Missionsschulen als fremde Sprache nur Deutsch gelehrt werden. Ein Musterlehrplan forderte für das Deutsche wöchentlich 10 Stunden und enthielt auch sonst Forderungen, die vom Missionsstandpunkte Bedenken erweckten.

Das veranlaßte den Ausschuß der deutschen evangelischen Missionen, zu der Frage Stellung zu nehmen und in einer Eingabe im Dezember 1904 an die Kolonialabteilung des Auswärtigen Amtes einige grundsätzliche Forderungen zu erheben, deren wichtigste sind, „daß auf die Missionsschulen ein Zwang oder Druck bezüglich der Einführung des Deutschen nicht ausgeübt werden möchte und jeder Unterricht im Deutschen eine elementare Bildung in der Landessprache voraussetzen müsse und daß er deswegen in der Regel nicht vor dem vierten, keinesfalls aber vor dem dritten Schuljahr beginnen dürfe." Dementsprechend hat sich dann die Kolonialverwaltung unter dem 3. Oktober 1905 grundsätzlich dahin ausgesprochen, daß in der Regel die nächste Aufgabe des Unterrichts der Eingebornen in einer elementaren Bildung in der Landessprache zu bestehen habe; erst damit werde die Vorbedingung für einen erfolgreichen Unterricht im Deutschen geschaffen. Etwa gleichzeitig kam man in Togo zu folgenden Vereinbarungen. Der Unterricht im Deutschen sollte 5 Jahreskurse umfassen, für den ersten Kursus sechs, für den zweiten acht, für den dritten 10 Wochenstunden. Dabei waren Schreiben, Rechnen, Geographie und Geschichte sowie Singen in den deutschen Unterricht als Fächer einbegriffen, bei denen in stufenmäßigem Fortschritt das Deutsche als Unterrichtssprache gebraucht werden sollte, lauter Forderungen, die sich verwirklichen ließen, ohne daß dem Charakter der Missionsschulen und ihrem Ziel, Vermittlung einer gesunden Volksbildung im Geist des Christentums, Eintrag geschah, nur daß ganz unvermerkt das Deutsche aus der Stellung einer Fremdsprache in die einer Unterrichtssprache gerückt worden war.

Die Vereinbarung konnte von dem Gouvernement um so selbstverständlicher erstrebt und von den Missionen um so unbefangener zugestanden werden, als die Schulen auf der britischen Goldküsten-Kolonie, also in der unmittelbarsten Nachbarschaft Togos, sehr viel tiefergreifende Vereinbarungen über Einführung des Englischen ohne Bedenken, wenigstens ohne Schaden auf sich genommen hatten.

Aber die Folge war eine eigenartige, pädagogisch recht bedenkliche Entwicklung. Die rasche kolonisatorische Erschließung Togos verstärkte das Bedürfnis nach deutsch redenden, eingeborenen Beamten, die Schulentwicklung zeigte, daß die Eweleute in 5 Jahren es zu einer recht anerkennenswerten Beherrschung des Deutschen brachten, der Einfluß des Englischen und des geradezu abscheulichen Pigeonenglisch wurde gebrochen, bei den Eingebornen wurde es Mode, Deutsch zu lernen. Da ist es kein Wunder, daß die Regierung die ihr sehr günstige Konstellation ausnützte und die Leistungen der im Wetteifer nebeneinander arbeitenden katholischen und evangelischen Missionsschulen und der nur im Deutschen unterrichtenden Regierungsschulen höher und höher schraubte, bis schließlich die Lehrziele in dem 1908 vorgelegten Lehrplan der Regierungsschulen so hoch gestellt werden konnten, wie es die im letzten Kapitel gebotenen Proben dargetan haben, und Togo zu dem Rufe kam: „Deutsch lernt wirklich jeder Schwarze, keinen Zuschuß zahlt das Reich.“

Es war nur selbstverständlich, daß der Vorgang Togos unter den ganz ähnlichen Verhältnissen Kameruns zur Nachfolge reizte und auch dort eine ähnliche Vereinbarung zustande kam, insofern die Schulordnung vom 25. April 1910 in § 2 sagte: „In Eingeborenenschulen ist als Unterrichtssprache und als Gegenstand des Sprachunterrichts neben der am Schulort herrschenden Eingeborenensprache keine andere lebende Sprache zugelassen, als die deutsche. An

Stelle der am Schulort herrschenden Eingeborenensprache kann mit Genehmigung des Gouverneurs eine verwandte Sprache treten." Durch diesen Paragraphen war endlich die Herrschaft des Englischen auch für Kamerun gebrochen und die Schulen waren zum Träger des Deutschen gemacht worden. Der zweite Satz des Paragraphen aber, nach dem anstelle der am Schulort herrschenden Eingebornensprache mit Genehmigung eine verwandte als Schulsprache eintreten kann, zeigt schon durch seine bloße Existenz, daß das Sprachenproblem in Kamerun noch ganz besondere Schwierigkeiten bietet durch die Frage: Welche Sprache ist denn unter den Eingeborenensprachen zur Schulsprache zu wählen?

Auch Togo kennt dies Problem, allerdings nur ganz im kleinen. Auch Togo hat innerhalb der Ewebevölkerung Sprachinseln von kleinster räumlicher Ausdehnung. Wo nur 1000 Menschen eine Sprache sprechen, ist es unmöglich, diese Sprache zur Schulsprache zu erheben und eine Schulliteratur zu schaffen. So sehr man es vom Standpunkt der Sprachkunde, der Ethnographie und der Religionswissenschaft bedauern mag, daß solche Sprachsplitter durch eine sich durchsetzende Einheitssprache zum Verschwinden verurteilt sind, ein praktischer Fortschritt ist ohnedem nicht denkbar. Infolgedessen mußte in Togo die Ewesprache über die kleinen Sprachen, das Agotime, das Boem und wie sie alle heißen, hinweggehen, aber es war gar keine Frage darüber, daß die Ewesprache und n u r sie in Togo Schulsprache werden mußte. In Kamerun war die Situation ganz anders. Dort kam für den Küstenstreifen zwar nur das Duala in Frage, aber im Innern wurde Duala nicht mehr verstanden, und es war doch unmöglich, für jedes Dorf den Elementarunterricht in der Dorfsprache zu erteilen. So muß man sich jetzt entscheiden, ob, was allen Ernstes vorgeschlagen worden ist, die Einheitsschulsprache für Kamerun das Deutsche werden soll, oder ob man bestimmte Sprachen und Sprachgruppen zu einem Bezirk mit einheitlicher Schulsprache zusammenordnen kann. Nach dem Wortlaut des Gesetzesparagraphen entscheidet über die Frage der Gouverneur. Dem Gouverneur müssen aber als dem Vertreter der Regierung die Regierungsinteressen den Ausschlag geben. Er hat nicht zu fragen: Was ist jetzt pädagogisch das Natürlichste, auch nicht, was ist den Missionen das Bequemste oder den Eingeborenen das Begehrenswerteste, sondern nur, was ist für die Regierung das Vorteilhafteste. Damit hält die Politik Einzug in Schulfragen, gleichviel wie die Entscheidung ausfällt, ob man das Deutsche unter Zurückdrängung aller Eingeboernensprachen zur Herrschaft bringt oder ob man aus politischen Motiven den Geltungsbereich gewisser Eingeborenensprachen einschränkt. In Kamerun geht nach den bisherigen Beobachtungen die Tendenz der Regierung dahin, verschiedene kleinere Bezirke mit verschiedenen Schulsprachen als Unterbau und dem Deutschen als gemeinsamem Oberbau gegeneinander abzugrenzen. Ein solches Verfahren erleichtert für absehbare Zeit die Beherrschung des Landes wesentlich. Denn nun können feindliche Bestrebungen gegen die Regierung nicht zu weit um sich greifen, unzuverlässige Häuptlinge können eingeengt und zuverlässige Stämme zu Ansehen gebracht werden, indes durch die deutsche Sprache eine Verständigungsmöglichkeit über das ganze Land hin geschaffen wird, während die das Deutsche verstehenden Eingeborenen doch an Zahl so wenig bleiben, daß ihre Beaufsichtigung möglich wird. —

So ist das Bild entstanden, das wir jetzt in Westafrika sehen, und nachdem wir es betrachtet haben, ohne bisher ein Urteil zu fällen, ist der Weg zu einer *grundsätzlichen Erörterung der Sprachenfrage* frei.

Ich stelle an ihre Spitze zwei Sätze, von denen der erste sehr ketzerisch und viel umstritten ist, die ich aber beide für unbedingt richtig halte.

Der erste lautet: „*Man kann bei den Eingeborenen unserer Kolonien eine loyale Gesinnung gegen das Deutsche Reich erziehen, ohne deutschen Sprachunterricht zu geben*“, und der zweite, der eng mit dem ersten zusammenhängt, lautet: „Für die Mehrheit der Schüler unserer kolonialen Schulen hat der deutsche Unterricht pädagogisch nur sehr zweifelhaften Wert, einer kleinen Minderheit kann er für das Berufsleben nützlich werden und nur ganz wenigen vorläufig den Zugang zur deutschen Geistesbildung erschließen. Jede gesunde Volksbildung muß vielmehr in der Muttersprache oder in einer der Muttersprache möglichst verwandten Sprachen vermittelt werden."

Ich habe diese Sätze zu begründen.

Der erste Satz ruht auf der Voraussetzung, daß es Pflicht aller kolonialen Schularbeit ist, die Eingeborenen zu einer loyalen Gesinnung gegen das Deutsche Reich und gegen das deutsche Volk zu erziehen. Diese Voraussetzung steht mir allerdings von vornherein fest, obwohl wir in einer Zeit leben, in der man gesagt hat, die Lehrer hätten jeden Patriotismus zu bekämpfen, jede patriotische Regung sei im tiefsten Kern unmoralisch. Wir würden weit kommen, wenn wir unseren Kolonialvölkern mit solchen Humanitätsphantastereien das Hirn verdrehen wollten! Nein, wenn Deutschland Kolonien haben will, und es muß Kolonien haben, um leben zu können, dann muß jede Schule eine Pflanzstätte des Gehorsams gegen das Deutsche Reich und der Ehrerbietung gegen seinen Herrscher sein. Aber dazu ist deutscher Sprachunterricht nicht unbedingt erforderlich. Er kann dazu helfen, er kann aber auch in unreifen Köpfen gerade das Gegenteil bewirken, denn er öffnet den Zugang auch zum Vorwärts und zu aller der Literatur, die eine vaterlandslose Gesinnung großziehen möchte. Gesinnung und Sprachverständnis sind zwei grundverschiedene Dinge. Gesinnung ist aber am ersten in der Muttersprache zu beeinflussen. Wer deutsch redet, packt mich immer tiefer und dauernder als wer englisch oder französisch zu mir spricht oder gar hebräisch mit mir redet! Ja, das Beispiel des Hebräischen ist in diesem Zusammenhang nicht unerlaubt: Die Sprachen Afrikas und der Südsee und das Chinesische sind mit unsrer Muttersprache viel, viel weniger verwandt als das Hebräische, und man denke sich einmal den Unterricht in der deutschen Volksschule in hebräischer Sprache erteilt, um sich der pädagogischen Ungeheuerlichkeit bewußt zu werden, die in der Forderung, das Deutsche zur herrschenden Sprache in den Kolonien zu machen, steckt.

Gewiß, ich verkenne die edlen Grundgedanken derer keineswegs, die dem Deutschen das Wort reden, und trete bewußt und entschieden dafür ein, daß die deutsche Sprache in den kolonialen Schulen gepflegt werde, nur kann sie nie die Schulsprache werden. Das ist einfach ein Ding der Unmöglichkeit, ganz abgesehen davon, ob es wünschenswert wäre.[1])

Wir müssen uns nur einmal die Grenzen des Erreichbaren klar machen. Gewiß sind unsere Kolonialvölker zu einem Teil erstaunlich sprachbegabt. Diesen sprachbegabten Teil würde man in sechs- bis siebenjährigem Kursus zweifellos zu einer an die Kunst der Papageien erinnernden Fertigkeit im Deutsch-Sprechen herandrillen können. Was wäre aber damit gewonnen? Weder wäre damit das Deutsche zur Muttersprache der Eingeborenen geworden — wir wissen ja alle, wie zäh sich innerhalb des deutschen Sprachgebietes das Wendische, das Litauische, das Französische hält — noch wäre damit dem Deutschtum ein wirklicher Dienst geleistet. Denn was nützte uns die Sprechfertigkeit aus sechs, sieben Schuljahren? Sie würde den Dünkel bei den Eingeborenen erzeugen, als seien sie nun Deutsche, sie würde aber ebenso sicher Halbbildung, vielleicht nur Viertelbildung darstellen,

---

[1]) Es verdient in diesem Zusammenhang darauf hingewiesen zu werden, daß, wie schon der Ausschuß der deutschen Missionen in seiner Eingabe an das Reichs-Kolonialamt im Jahre 1904 geltend machte, die Regierung von Britisch-Indien in einer Denkschrift über das Schulwesen ausdrücklich erklärt hat, daß der frühere Versuch der Regierung, die Bevölkerung durch das Englische zu bilden, verfehlt gewesen sei.

und ein Gut, das, weil es nicht gebraucht würde, sich in wenigen Wochen und Monaten verlieren müßte. Und dann wäre die Schulbildung so gut wie umsonst gewesen. Und dabei hätte ein recht beträchtlicher Teil der kolonialen Bevölkerung wegen weniger ausgeprägter Sprachengabe nur eine dürftige Ahnung vom Deutschen bekommen, nicht genug, um es vernünftig verwenden zu können, vielleicht aber gerade genug, um sich davon den Kopf verdrehen zu lassen. Abt Norbert Weber hatte ganz recht, als er auf dem Kolonialkongreß 1910 sagte: „Das Negerbüblein hätte den deutschen Unterricht ganz gern; in einer Fortbildungsschule ist er auch gut am Platze; in der Volksschule aber nimmt er die Zeit weg, welche den vitalsten Interessen gewidmet sein muß, und bedeutet überdies in der Erziehung einen pädagogischen Mißgriff: Der einem gewissen Gigerltum zuneigende Charakter der Schwarzen wird genährt, zu seinem und unserem Schaden."

Ganz anders steht es mit den Schülern der Fortbildungsschulen, wie Abt Norbert Weber sagte, oder wie ich dafür lieber einsetzen möchte, aller gehobenen Schulen, denn sie stellen in der Tat eine vermittelnde Oberschicht zwischen ihrem Volke und uns dar, und wenn sie so gründlich im Deutschen unterwiesen sind, wie es in Togo z. B. möglich ist, kann ihnen die Sprachkenntnis trotz aller Gefahren für den Charakter, die auch auf dieser Stufe bestehen bleiben, doch nützlich werden für ihr soziales Aufwärtsstreben und uns den Einfluß im Lande, den wir brauchen, soweit sichern, als das durch die Möglichkeit einer sprachlichen Verständigung gewährleistet werden kann.

Man darf allerdings in der Hinsicht nicht zu viel erwarten. Ich bin fest überzeugt, daß in einigen Jahrzehnten das Rassenproblem im Vordergrunde unserer kolonialen Interessen stehen wird. Dann darf man ja nicht glauben, die Eingeborenen dadurch, daß man sie deutsch verstehen und deutsch reden lehrte, auf die Seite der weißen Rasse gezogen zu haben. Sie bleiben ganz gewiß Kinder ihres Volkes und werden sich durch die gehobene Stellung, die ihnen um ihrer „Bildung" willen zugefallen ist, höchstens dazu verleiten lassen, die Führer in der Auseinandersetzung gegen uns zu sein. Die einzige Bürgschaft gegen solch' üble Folgen aber wäre die Erziehung zu unbedingt zuverlässigen Charakteren, wie sie durch eine wesentlich auf Sprechfertigkeit im Deutschen zielende Schulbildung niemals erreicht werden kann. Solche Charakterbildung dürfte nur bei denen zu finden sein, die nach sorgfältiger Auslese aus den Seminaren und Katechetenschulen der Missionen hervorgehen, und bei diesen bekommt die Kenntnis des Deutschen eine ganz neue, und je länger desto wichtiger werdende Bedeutung. Es ist nämlich unmöglich, den künftigen Geistlichen der christlichen Kirchen die zu ihrer Fortbildung nötige Literatur in ihrer Eingeborenensprache zur Verfügung zu stellen. Das wäre schon buchhändlerisch eine Unmöglichkeit. Da muß die Heimatsprache der Missionare mit ihrer einfacheren theologischen Literatur als Ersatz eintreten. Und hier liegt die missionarische Begründung für Pflicht und Recht der Missionsschulen, Unterricht im Deutschen in ihr Schulsystem organisch einzugliedern. Und zwar von den gehobenen Schulen an. Denn nur eine wirklich gründliche Kenntnis des Deutschen gibt nutzbringenden Zugang zu den deutschen Schriftauslegungen und all den anderen Büchern, deren die künftigen Pfarrer bedürfen. Hier ist's mit einer äußerlich blendenden Sprechfertigkeit nicht getan. Hier ist rechtes Sprachverständnis Bedingung.

So enden diese theoretischen Erwägungen in den für eine gesunde Volkspädagogik fast selbstverständlichen Sätzen: Die Schulsprache der Dorfschule ist die Muttersprache. Auf der gehobenen Schule tritt daneben als Fremdsprache das Deutsche, das aber nicht nach dem Schema toter Sprachen in grammatischer Folge zu lehren ist, sondern als lebende Sprache durch stetes Sprechen. Lehrziel muß sein, die Schüler der gehobenen Schulen zu einem einigermaßen geläufigen Sprechen, Schreiben und Verstehen des Deutschen zu bringen, was wieder die Voraussetzung zu einer gründlichen Einführung der Schüler der Lehrer- und Prediger- bezw. Priesterseminare ist. Wo heute die Leistungen über diese Forderungen schon hinausgehen, da sollte die Regierung im Interesse ihrer selbst, wie der Missionen, wie der Eingeborenen ihren Einfluß dahin geltend machen, daß die Leistungen zurückgeschraubt werden.

So bleibt uns nur noch übrig, die Richtlinien festzulegen, nach denen die Frage zu beantworten ist, welche Eingeborenensprache dem Schulunterricht zugrunde gelegt werden sollte.

Da lassen sich, wenn wir zunächst an Kamerun denken, wo gesetzlich die Dorfsprache zur Schulsprache bestimmt ist, nur einige negative Forderungen aufstellen.

Erstens darf niemals eine Sprache zur Schulsprache erhoben werden, deren Anhängerzahl zu klein ist. Man kann nicht Schulbücher in Auflagen von Hunderten drucken und kann nicht für alle paar Dörfer neue Lehrerseminare in anderer Sprache einrichten. Mir scheint der Sprachbezirk der Ewe mit rund 300 000 Einwohnern fast schon reichlich klein für eine eigene Schulliteratur und für ein eigenes Seminar.

Zweitens sollte die Schulsprache nie eine Sprache werden, die sprachlich von der Dorfsprache so verschieden ist in ihrem grammatischen Aufbau, daß ihr Erlernen den Schulkindern wesentliche Schwierigkeiten bereiten müßte. Es ist möglichst eine Sprache mit dialektischer Verwandtschaft, jedenfalls eine Sprache aus derselben großen Sprachfamilie zu wählen.

Drittens sollten bei Auswahl der Schulsprache, auch wenn dem Gouvernement die Entscheidung vorbehalten bleiben muß und politische Gründe, wie der: Divide et impera ausschlaggebend sein müssen, die Schulleitungen auf jeden Fall gehört und mit ihren Wünschen möglichst berücksichtigt werden.

Weitere Forderungen möchte ich nicht aufstellen. Am idealsten erschiene es mir vom pädagogischen wie vom deutsch-kolonialen Standpunkt aus, wenn die Sprachgebiete möglichst groß bestimmt werden könnten, wie das Ewe für ganz Südtogo zur Einheitssprache zu werden verspricht und wie sich das Suaheli als lingua franca und als Schulsprache in Deutsch-Ostafrika allgemach durchsetzt. Solche Einheitssprachen haben auch ihre Nachteile und das soll besonders für das Suaheli nicht verkannt werden. Am bedenklichsten ist, daß die Eingeborenen einer Kolonie sich dem herrschenden Volk gegenüber als Einheit fühlen und sich über den ganzen Bereich der Kolonie verständigen können. Das ist aber auch dann schon der Fall, wenn wir die führenden Eingeborenen deutsch lehren, und wird, wenn unsere Kolonien zu wirklich einheitlichen Organismen werden sollen, nie zu verhindern sein. Ein zweites Bedenken gegen das Suaheli als Verkehrssprache ist das religiöse, daß die Suaheli Träger des Islam waren und sind. Seit man aber angefangen hat, das Suaheli mit lateinischer Schrift zu schreiben, aus ihm die arabischen Elemente und die spezifisch islamischen Bestandteile auszumerzen und die ganze Sprache zu christianisieren, sind diese religiösen Bedenken gegenüber den Vorteilen einer einheitlichen Schulliteratur für Millionen stiller und stiller geworden. Man mag theoretisieren, so viel man will. Die Sprache erweist sich als praktisch und sie setzt sich durch. Ein drittes Bedenken ist das nationale. Nur dann, sagt man, werden wir als Herren gewürdigt, wenn wir die Eingeborenen deutsch lehren. Ob es aber wirklich so ist? Ob die Herrenstellung des deutschen Volkes sich wirklich am stärksten dadurch dokumentiert, daß wir die unterworfenen Völker zwingen, unsere Sprache zu sprechen? Bisher ist es in der Sprachgeschichte der afrikanischen Völker meines Wissens immer so gewesen, daß die Herrenvölker die Sprache der Unterworfenen angenommen und sich dadurch die Herrschaft endgiltig gesichert haben. Und ob es wirklich ganz praktisch ist, wenn jeder unreife Eingeborene jede deutsche Zeitung lesen, wenn jeder Dienstbote jede Bemerkung über Tisch verstehen oder mißverstehen und dann nach eigenem Ermessen auslegen kann? Ob nicht die Herrenstellung Deutschlands ebenso gut gewahrt wird, wenn das Herrenvolk seine Sprache spricht, aber mit den Eingeborenen in einem Idiom, das ihnen allen sympathisch und leicht begreiflich ist? Und endlich ob unsere schöne deutsche Muttersprache dadurch gewinnt, daß wir sie Völkern aufzwingen, die sie doch niemals in ihrer ganzen Schönheit verstehen lernen und sie höchstens entstellen werden?

Für mich wiegen die Bedenken gegen das Suaheli nicht schwer, wohl aber die Vorteile, daß die Verwaltung durch das ganze Land einheitlich wird, daß Schul- und Missionsarbeit viel Kosten, viel Mühe sparen und ein sehr gefügiges Werkzeug in der Suahelisprache gewinnen, und endlich, daß wir den Eingeborenen viel näher kommen und ihrer Eigenart viel eher gerecht werden, wenn wir eine ihrer Sprachen lernen und eine ihrer Sprachen zur Einheitssprache machen, als wenn wir ihnen die Riesenaufgabe zumuten, deutsch zu lernen.

Das mag man in Südwestafrika versuchen und durchführen, wo die Zahl der deutschen Siedler viel stärker ist, als sie je in den anderen tropischen Kolonien sein wird, und wo es sich leider nur noch um Volkssplitter handelt, aber nicht ohne Not anderswo.

In einer so wichtigen Frage wie der Sprachenfrage muß die letzte Entscheidung in den pädagogischen Motiven liegen, und es erscheint mir als unanfechtbarer Grundsatz, daß alle wahre Volksbildung durch die Muttersprache vermittelt sein muß. Gilt das aber als oberster Grundsatz, dann gebührt neben der Muttersprache zweifellos weder dem Englischen, noch dem Französischen, noch dem Lateinischen die zweite Stelle, sondern ausschließlich dem Deutschen.

Es mag sein, daß man, wie bei den deutschen Regierungsschulen, aus Rücksicht der Fachbildung einmal Ausnahmen eintreten läßt, aber dann kennzeichne man sie auch als Ausnahmen. Nicht Fachbildung kann das höchste Ziel unserer Schularbeit sein, sondern Charakterbildung. Zur Charakterbildung kann die Volksschule in den Kolonien aber nur dann wirklich brauchbaren Grund legen, wenn sie die Eingeborenen erzieht in ihrer Muttersprache.

6. Die Arbeitserziehung.

Bei der Übersicht über den Erfolg der Schularbeit sind wir auf die bedenkliche Erscheinung gestoßen, daß die Schüler in Gegenden mit stark entwickelter Kolonisation und Kultur vom Lande und der angestammten Landarbeit in die Städte abwandern, um zunächst in den Berufen eines Beamten oder eines Kaufmanns eine höhere soziale Stellung zu erringen oder schließlich auch ein stark selbstbewußtes, die Arbeit scheuendes Bildungsproletariat zu bilden. Diese Entwicklung ist ganz natürlich und notwendig. Der Schüler, der drei bis sieben Jahre die Schulbank gedrückt und ein beträchtliches Schulwissen in sich aufgenommen hat, steht tatsächlich weit über dem Schensi, dem Buschneger, der nicht lesen und nicht schreiben kann. Seine Kenntnisse helfen ihm zu einem leichteren, bequemeren Verdienst, als die von den Vätern ererbte Landwirtschaft bietet. Was ist denn bequemer, als so als Zollaufseher an der Grenze zu sitzen, ohne sich viel quälen zu müssen? Oder wie ideal sieht es aus, hinter dem Ladentisch einer Faktorei zu stehen und Waren zu verkaufen. Ganz abgesehen davon, daß man hier ein bequemes und sicheres Einkommen und eine europäisch eingerichtete Wohnung hat, wie bestechend der Gedanke, die schwarzen Landsleute oder gar die klugen Europäer zu übervorteilen und sich selbst zu bereichern. Oder wie begehrenswert, als Lehrer, als Vertreter der Bildung, in einem Dorf selbständig zu schalten! So lockt die Kultur, indem sie neue Berufe und Erwerbsmöglichkeiten schafft, und zieht die Geweckten und die Gewitzigten an und — das Land fängt an sich zu entvölkern. Wir haben diese Tatsache im Süden Togos beobachtet, sie findet sich in Kamerun, seltener in Ostafrika, und immer nur da, wo die Verhältnisse weit genug entwickelt sind. Dagegen fehlt diese schlimme Erscheinung überall da, wo den Schülern noch die rechte Verwendung für ihr Schulwissen fehlt. Da gehen sie selbstverständlich auf den Acker zurück oder zu dem vom Vater überkommenen Beruf. Aus dieser Beobachtung geht klar hervor, daß die Entstehung des Bildungsproletariats, von dem man in den Hafenplätzen des Welthandels krasse Proben beobachten kann, nicht der Schularbeit als solcher Schuld gegeben werden darf, sondern eine notwendige Begleiterscheinung der kolonialen Entwicklung ist. Daraus folgt aber dann auch, daß die eigentliche Heilung des Schadens nicht bei der Schule liegt, nicht bei ihr liegen kann, daß vielmehr die im Kampf ums Dasein sich geltend machende Notwendigkeit, Werte zu schaffen, alle Drohnenexistenzen in ihrem beschaulichen Sein bedrohen und mehr und mehr verdrängen muß.

Dabei liegt übrigens nach dem Urteil der Fragebogen die Sache keineswegs so, daß heute schon von einem Bildungsproletariat und von einer Überproduktion in Anwärtern für die gebildeten Berufe in unseren Schutzgebieten die Rede sein dürfte. Ich habe gelegentlich bei Studien über die Norddeutsche Mission festgestellt, daß von den aus den Oberklassen ihrer Schulen abgehenden Schülern etwa 33% Lehrer an Missionsschulen geworden sind, ohne daß damit schon das Bedürfnis der Mission gedeckt worden wäre. Die übrigen 67% haben ohne Schwierigkeit in der Kolonie, ja über die Kolonie hinaus in ganz Westafrika bis hin nach Lüderitzbucht Anstellung gefunden, ein Beweis, daß das Angebot die Nachfrage hier überall noch nicht erreicht hat. Nur die Gefahr ist da, und wo man Gefahr sieht, soll man sich gegen sie wappnen.

In gewissem Maße können und sollen auch die Schulen dazu helfen, nur darf man von ihnen nicht zu viel, und vor allem, man darf von ihnen nichts Verkehrtes erwarten. Die Schule kann nicht dazu da sein, dem Handel deutsch redende Handlungsgehilfen, der Schiffahrt in der Südsee deutsch verstehende Mannschaft, dem Plantagengroßbetrieb geschulte Arbeiter zuzuführen. Sie hat als Volksschule nicht Fachbildung zu vermitteln, sondern den Grund zu einer allgemeinen gesunden Volksbildung zu legen. Dazu ist aber zu beachten, daß die Natur des Menschen unter der tropischen Sonne schneller reift und sich rascher entwickelt, als bei uns, und daß darum der aus der Schule entlassene Schüler und die der Schule entwachsene Schülerin als verhältnismäßig reife, fertige Menschen ins Leben und in den Beruf hineintreten, ohne eine eigentliche Berufsvorbildung erhalten zu haben. Darauf hat die Schule Rücksicht zu nehmen und sich zu fragen, ob die Bildung, die sie ihren Schulen vermittelt, wirklich allseitig genug ist für die Anforderungen, die den von der Schule abgehenden jungen Menschen erwarten. Und diese Frage ist vielleicht, ich wage noch kein abschließendes Urteil zu fällen, zu verneinen.

Nach den Fragebogen befanden sich am 1. Juni 1911 im ganzen 53 Lehranstalten für praktische Arbeit in unseren Schutzgebieten. An ihnen unterrichteten 115 weiße und 22 farbige Lehrer 1466 Schüler. Das heißt, nur 1 % der Schüler bekommt eine unmittelbare Berufsvorbildung, eine Arbeitserziehung im eigentlichen Sinne des Wortes. Das ist doch nur eine sehr bescheidene Zahl, und sie wird noch viel, viel bescheidener, wenn wir uns diese Lehranstalten für praktische Arbeit einmal genauer ansehen. Von den 53 Lehranstalten sind ganze 11 Haushaltungsschulen, die sich mit der Mädchenerziehung abgeben. Nun will ich gar nicht behaupten, daß das unwichtig wäre. Im Gegenteil, in den Ländern, in denen die Polygamie und der Frauenkauf herrscht, kann eine Gesundung der Familie und Hand in Hand damit eine Gesundung des Volkslebens nur dann eintreten, wenn man sich des weiblichen Geschlechtes mit aller Sorgfalt annimmt. Deshalb gebührt den Missionen, und nur die Missionen haben bisher diesen Zweig der Schularbeit angegriffen, und zwar fast ausschließlich die katholischen Missionen, ein herzlicher Dank für ihren Weitblick und ihre Tatkraft, ein Dank, der durch die Bemerkung nicht entwertet werden möchte, daß in den Haushaltungsschulen der Maßstab der Bildung mitunter reichlich europäisch zu sein scheint, besonders in der Pflege der weiblichen Handarbeiten. Aber, und das ist in diesem Augenblick das Entscheidende, nicht darauf kommt es an, ob etliche Negermädchen mehr oder weniger geschickt Stehkragen zu plätten verstehen und in Stickereien und im Spitzenklöppeln geübt sind, obwohl solche Künste indirekt das Bildungsproletariat fördern könnten, sondern darauf, daß die männliche Jugend eine Erziehung erhält, die ihrem künftigen, naturgemäß gegebenen Beruf entspricht. Und da ist es doch eine überraschende Tatsache, daß von den 37 Handwerkerschulen in den Kolonien sich die allermeisten ganz ausschließlich mit Künsten abgeben, die für die Eingeborenen eine neue Kultur bedeuten. Auch hier möchte ich den erzieherischen und den kulturellen Wert dieser Anstalten sowohl für die Europäer, wie für die Eingeborenen, wie für den kolonialen Fortschritt ganz und gar nicht in Frage stellen. Schuster und Schneider, Tischler und Maurer, Schmiede und Wagenbauer, Ziegelbrenner und Drucker sind nützliche, unentbehrliche Glieder aufblühender Kolonien, und es ist notwendig, Eingeborene zu solchen Berufen zu erziehen, so notwendig, daß ich die Zahl der Handwerkerschulen für viel zu klein halte und es durchaus begrüßen würde, wenn die Missionen und die Regierungen ihr Augenmerk mehr noch als bisher auf die Gründung solcher Anstalten richten könnten. Ich habe ja bereits erzählt, was ich in der Lehranstalt der Regierung in Lome selbst gesehen habe, einer Anstalt, die übrigens meines Wissens nach dem Stichtage der Fragebogen, dem 1. Juni 1911, in die Leitung der Steyler Mission übergegangen ist, und gebe daher hier, um von der Vielgestaltigkeit der Betriebe einen Eindruck zu verschaffen, eine Übersicht über die Lehranstalten für praktische Arbeit in Deutsch-Ostafrika.

Die Berliner Mission unterhält zunächst in Madehani eine Tischlerei mit einem deutschen Tischler als Leiter und 11 Lehrlingen, die im Ausarbeiten des Holzes, im Zusammenstellen von Fenstern, Türen, Schränken und Tischen unterwiesen werden, ohne daß eine bestimmte Lehrzeit festgesetzt ist. Die Anstalt besitzt außer einem massiven Wohnhaus mit Küche eine massive Werkstatt und 87,34 ha Waldland, von denen 6 ha in Kultur genommen sind. Sämtliches Tischlerhandwerkzeug sowie Bandsäge und Drehbank ist vorhanden. Die Lehrlinge erhalten Arbeitslohn. Die 3000 Mk. Unterhaltungskosten werden durch den Betrieb aufgebracht, außerdem bleiben 2000 Mk. Unkosten jährlich, die von der Mission gedeckt werden.

In der Tischlerwerkstatt in Mufindi erstreckt sich der von einem deutschen Tischler an einen Lehrling erteilte Unterricht bei dreijähriger Lehrzeit auf volle Ausbildung im Tischlerhandwerk vom Sägen der Bretter aus den Beständen des Urwaldes an. In dem Wohnhaus des Leiters ist Raum für 4 Lehrlinge. Eine Werkstatt ist vorhanden. Von den 70 ha Landbesitz sind 30 ha Urwald, 32 ha Weideland und 8 ha bestellt. In der Werkstatt sind 4 Hobelbänke mit Werkzeug, das Eigentum des Leiters ist. Ortsüblich wird jede Woche 1 Rp. Lohn gezahlt. Die Anstalt macht jährlich 2000 Rp. Kosten, von denen 500—800 Rp. von der Mission zugeschossen werden müssen.

Die Handwerkerschule in Daressalam zählt bei einem deutschen Tischler als Lehrer 10 Schüler. Die Lehrzeit ist nicht festgesetzt, die Lehrlinge erhalten Arbeitslohn, die Kosten des Unterhalts trägt die Mission.

Alle drei Anstalten verfolgen als Ziel, die Lehrlinge zur selbständigen Ausführung von einfachen Bau- und Möbelarbeiten aller Art anzuleiten. Die Tischlerei in Mufindi steht erst in den Anfängen. Sie hat erst 2 Lehrlinge ein halbes Jahr ausgebildet und klagt darüber, daß es schwer sei, Lehrlinge zu bekommen. Eine Verpflichtung zum Dienst in der Mission wird den Lehrlingen nicht auferlegt. Jede Anstalt liefert auf Bestellung die geforderte Arbeit und sucht dadurch die Unkosten des Betriebes in etwas zu decken. Gelernte Tischler sind auf allen europäischen Gebieten sehr gesucht. So bedeutet die Einführung des Tischlerhandwerks für die Kolonie nicht nur eine wertvolle neue Kultur, sondern mehr noch für die Eingeborenen eine sehr erwünschte Verdienstgelegenheit.

Die Leipziger Mission hat in Moschi eine Druckerei mit einem weißen Drucker und fünf christlichen Lehrlingen. Eine bestimmte Lehrzeit ist nicht vorgesehen. In einem Steinhaus sind zwei Druckerpressen untergebracht, an denen die Lehrlinge gegen Arbeitslohn beschäftigt werden. Die Kosten der Anstalt sind etwa 400—500 Rp. jährlich. Eine Verpflichtung wird den Lehrlingen nicht aufgelegt. Sie wäre überflüssig, da es ihnen vorläufig doch an anderer Arbeitsgelegenheit fehlen würde. Druckerei ist ja selbstverständlich für die Eingeborenen eine ganz neue Kultur. Sie ist ihnen so fremd, daß die Druckerei in Moschi sich zufrieden gibt, wenn die Lehrlinge es lernen, bei langsamem Arbeiten eine Zeile fehlerlos zu setzen. Die Druckerei steht ganz im Dienst der Mission und ihrer Schulen. Sie will die Hilfsbücher für den Unterricht herstellen.

Die Betheler Mission hat in Tanga eine Wäscherei, der ein deutscher Kaufmann und ein eingeborener Plätter, der ein halbes Jahr in Deutschland gelernt hat und seinen Beruf bereits 12 Jahre ausübt, vorstehen. 5 Schüler und 5 Schülerinnen mühen sich um das Geheimnis einer tadellosen weißen Wäsche, und zwar die Schülerinnen um das Waschen, die Schüler um das Plätten. Die Lehrzeit dauert ein halbes bis ein ganzes Jahr. Die Anstalt hat ein Waschhaus mit Schuppen, aber keine besonderen Wohnräume für die Schüler. Eine Waschmaschine wird mit der Hand betrieben. Die Schüler und Schülerinnen erhalten Arbeitslohn. Daß die Anstalt in der Lage ist, sich durch ihre Arbeit selbst zu unterhalten, ist ein Zeichen für die Güte der Arbeit und für ihre Notwendigkeit für die Europäer. Auch hier handelt es sich um Einführung einer ganz neuen Kultur.

In Hohenfriedeberg hat die Betheler Mission eine Tischlerei, die ein Bruder aus dem Bruderhause Nazareth in Bethel bei Bielefeld leitet und in der bei sechsjähriger Lehrzeit 1 Lehrling in der Drechslerei und 10 in der Tischlerei praktisch unterwiesen werden. In den Werkstätten befinden sich außer dem selbstverständlichen Handwerkszeug eine Bandsäge mit Handbetrieb und zwei Drehbänke. Eine Verpflichtung wird den Lehrlingen nach ihrer Lehrzeit nicht aufgelegt. Sie erhalten als Lehrlinge ein Verpflegungs- und Taschengeld von 6 Hellern am Tage, als Gesellen täglich 1 Rp. Lohn. Die Anstalt, deren Dienst von Missionaren, Ansiedlern und Eingeborenen sehr viel begehrt wird, erfordert immerhin noch 600—700 Mk. Zuschuß von der Mission.

In Bumbuli wird von dem europäischen Leiter außer der Zimmerei und Tischlerei noch Stuhlflechten gelehrt. Das Ziel ist, die 12 Lehrlinge auszubilden wie deutsche Gesellen. Obwohl auch hier die jungen Leute Arbeitslohn erhalten, bedarf die Anstalt bei den vielen Aufträgen, die ihr zuteil werden, keines Zuschusses.

In Bungu hat die Betheler Mission weiter eine Fortbildungsschule mit unbestimmter Lehrzeit. Zwei europäische Lehrer (Missionare) unterrichten praktisch in Tischlerei, Maurerei, Zementarbeit, Ziegelei, Sägearbeit und im Kaufgeschäft, außerdem im praktischen Messen und Rechnen, in Geographie, im Lesen und in der Suahelisprache. Die Zahl der Schüler ist 22. Die Anstalt besitzt eine Tischlerei, eine Ziegelei und ein Kaufgeschäft. Die Zöglinge wohnen im Knabenhaus der Missionsstation. Von den 26 ha Grundbesitz sind 20 ha in Kultur. Die Zöglinge haben für Hefte, Schreibzeug und Licht einen Beitrag zu zahlen. Sie finden nach vollendeter Lehrzeit reichlich Beschäftigung und Gelegenheit, das Gelernte zu verwenden.

Endlich hat die Betheler Mission eine Handwerkerschule in Lwandai, in der ein Deutscher 6 Zöglinge, und zwar 4 in der Schlosserei und 2 in der Schneiderei unterrichtet. Ein Haus ist da, auch Nähmaschinen sind vorhanden. Die

Lehrlinge erhalten anfangs einige Heller Taschengeld, später den üblichen Lohn. Die Anstalt, die es sich zum Ziel setzt, alle einschlägigen Reparaturen zu machen, sowie Hemden, Jacken und Mützen zu nähen, vermag sich aus ihren eigenen Erträgnissen gut zu unterhalten. Die Lehrlinge finden nach der Lehrzeit reichlich Gelegenheit, ihre neuen Künste zu üben.

Bei dieser Aufzählung ist auffallend, daß die in Förderung praktischer Arbeiten vorbildliche Brüdermission nicht genannt ist. Sie hat in ihrer Bescheidenheit die betreffenden Anstalten nicht als solche bezeichnet. Es bestehen aber, in erster Linie für die Bedürfnisse der Mission:

1 Tischlerei in Rungwe,
1 Schuhmacherei in Utengule,
1 kleine Weberei in Mbozi,
Bauplätze mit Zimmerarbeitern, Maurern, Ziegelstreichern usw. auf allen Stationen außer z. Z. auf Mwaja,
Plantagenarbeit im größeren in Kyimbila, im kleinen auf allen Stationen außer z. Z. auf Mwaya und Neu Ileya.

Neben die Anstalten der evangelischen Mission tritt in Ostafrika, wenn wir von 4 Haushaltungsschulen absehen, von denen bereits die Rede gewesen ist, nur eine Lehranstalt der katholischen Mission in Neuköln, an der 5 Deutsche und 1 farbiger Schmied bemüht sind, 40 Schüler in die Künste des Schmiedes, des Tischlers und des Müllers einzuweihen. Von den 360 ha, die die Anstalt besitzt, sind 22 unter Kultur. Die Zöglinge werden für ihre Arbeit bezahlt. Das von ihnen benutzte Handwerkszeug wird am Schluß der Lehrzeit nicht ihr Eigentum. Sie leisten eine mittelmäßige Arbeit und nicht so viel, daß die bedeutenden Unkosten dadurch gedeckt würden.

Die Übersicht über Deutsch-Ostafrika gibt nicht nur einen Einblick in Umfang und Vielgestaltigkeit der Handwerkerschulen, er bestätigt auch, was mir das Wichtigere ist, meine Behauptung, daß die Handwerkerschulen in allererster Linie dem Bedürfnis der Europäer dienen, also der eigentlichen

Arbeitserziehung in dem Sinne, in dem sie zum Problem wird, nicht dienen.

Für diesen Zweck bleiben nur die 5 rein landwirtschaftlichen Schulen, die wir in den Kolonien haben, übrig, wenn wir auch ja nicht vergessen wollen, ich erinnere an Neuköln, daß mit mancher Handwerkerschule landwirtschaftlicher Unterricht verbunden ist. Ich habe eine der fünf landwirtschaftlichen Schulen, die in Nuatjä in Togo, selbst gesehen und ihre Wirkung länger verfolgt. Deshalb glaube ich über ihren Wert und die Schranken ihres Erfolges ein klein wenig urteilen zu dürfen. Mein Urteil möchte ich dahin präzisieren, daß in der Theorie landwirtschaftliche Schulen gar nicht hoch genug gewertet werden können. Für die weitesten Bezirke unserer Schutzgebiete ist Landwirtschaft auf Jahrzehnte hinaus die Erwerbsquelle, die fast allein in Frage kommt. Aber wie mühsam und wie unrationell ist alle Eingeborenenkultur. Sie kennt in Afrika und der Südsee weder Pflug noch Egge, weder Rieselung noch Düngung, geschweige denn die Anforderungen, die wir heute an einen rationellen, intensiven Wirtschaftsbetrieb stellen. Da ist es von allergrößtem Wert, wenn europäische Lehrmeister sich der Eingeborenen annehmen und ihnen zeigen, wie man es macht und warum solcher Betrieb sich lohnt. Aber, und das sind meine Bedenken, dabei muß man sich darüber klar sein, welch' eine Kluft zu überbrücken ist und wie Schwerkraft und Trägheitsgesetz auch im menschlichen Handeln wirken. Viele Schüler der landwirtschaftlichen Schulen fallen, weil der Unterricht nur eine kurze Zeit, in Nuatjä 3 Jahre, dauert, nachher in die urväterische Weise zurück, so daß der Erfolg ins Große bei ganzen fünf landwirtschaftlichen Schulen in allen Schutzgebieten zusammen natürlich nur ein verschwindend geringer sein kann. Von einer nennenswerten Gegenwirkung gegen die Landflucht kann also bei den sogenannten Lehranstalten für praktische Arbeit nicht die Rede sein. Es ist schmerzlich, das festzustellen, aber die Tatsachen sind unerbittlich.

Leider ist das Ergebnis fast dasselbe, wenn wir uns von den Lehranstalten für praktische Arbeit zu den eigentlichen Schulen wenden, um zu sehen, was sie zur Arbeitserziehung des Eingeborenen bisher leisten. Zwar unterscheiden sie sich von den Schulen der Heimat durch ein viel stärkeres Betonen der Arbeitserziehung und weisen auch im einzelnen erfreuliche Erfolge auf, aber es handelt sich um so wenig Stunden, daß schon deshalb der Erfolg meist illusorisch sein dürfte.

Auch bei den Schulen sind die drei Arten der Arbeitserziehung zu unterscheiden, die wir bei den Lehranstalten trafen, Unterricht in den weiblichen Hand- und Hausarbeiten, Unterricht in allerhand Handfertigkeit und Unterricht in der Landwirtschaft.

Handarbeitsunterricht wird, soviel ich übersehen kann, an allen Mädchenschulen erteilt, außerdem überall da, wo eine Missionarsfrau oder eine Ordensschwester am Schulorte ist und für die Schulmädchen Zeit hat, und oft auch da, wo eine eingeborene Lehrersfrau selbst die weiblichen Handarbeiten gelernt hat. So zähle ich in Togo mindestens 18 Schulen mit Handarbeit für die Mädchen. In Kamerun haben die Basler, die Baptisten, die Presbyterianer ebenso wie die Pallotinerinnen solchen Unterricht. In Südwestafrika fehlt er nur an ganz wenigen Schulen, und wo er sich findet, erstreckt er sich auf Nähen, Stricken, Sticken, Hausarbeit, Waschen und Plätten. In Ostafrika ist er nicht so sehr häufig, doch wird er bei 9 Elementarschulen der Berliner Mission, gelegentlich von der Leipziger und der Betheler, je einmal von den beiden englischen Missionen, und von den katholischen Missionen in Ndanda und Daressalam erwähnt. In Neu-Guinea hat Handarbeitsunterricht seinen regelmäßigen Platz in der Mädchenerziehung, so sehr, daß man sich bisweilen des Eindrucks nicht erwehren kann, als ob in der Beziehung etwas zu viel getan werde. So berichten z. B. die Franziskanerinnen, die den Kapuzinern auf Jap helfen, auf die Frage nach dem Handarbeitsunterricht: „Ja, sehr viel, — stricken, nähen, häkeln, sticken usw., alles wie in Deutschland". Ähnlich lernen die Schulmädchen der Londoner Mission auf Samoa von der 2—6 Klasse bei der Frau des eingeborenen Lehrers Nähen, dazu oft Plätten, Spitzen-Klöppeln, Matten-Flechten und andere Handarbeiten; die Schülerinnen der höheren Mädchenschule dazu noch Kerbschnitzen, Waschen, Scheuern und Kochen. In Tsingtau endlich fehlt das Klöppeln von Spitzen bei den Mädchenschulen als Glanzleistung nirgends. Ob man da nicht ein wenig zu weit gegangen ist und lieber praktischer sein und eine Stufe herunter steigen sollte, um für das Leben der einfachen Frauen wertvollere Künste zu lehren? Mir will es fast so scheinen.

Auch von dem Handfertigkeitsunterricht für Knaben, wie er jetzt betrieben wird, halte ich nicht viel. Sind wir auch zum Glück in keiner Kolonie so „weit" wie auf der britischen Goldküste, wo zur Zeit Kneten und Papparbeit bis zu der höchsten Vollendung getrieben werden muß, so haben wir doch allerhand Ansätze zu wertvollen praktischen Arbeiten in jeder Kolonie. In Togo werden Flechtarbeiten und Buchbinderarbeiten erwähnt. Fast überall werden die Schüler zum Bau der Schulhäuser, zum Reinigen des Schulgehöftes und zum Instandhalten der Wege herangezogen. Bastflechterei, Korbflechten, Schreinerei sind in Kamerun geübte nützliche Künste. Klebearbeiten, Holz- und Laubsägearbeiten, die man in Südwest eingeführt hat, sind wohl weniger wichtig als die zweimal angeführten Künste des Schusters und des Schreiners. Wenn von den vielen Schulen des großen Deutsch-Ostafrika gelegentlich Korb- und Mattenflechten, Tischlerei, Ziegelei sowie Arbeit in Küche, Garten, Ökonomie, Haus, Stall und Werkstatt erwähnt wird, oder die Regierungsschule in Bagamoyo auf ihre Tischler- und Schlosserarbeiten hinweist, wozu auf den gehobenen Schulen noch Druckerei, Maurerei, Tischlerei, Seilerei, Bürstenbinderei, Buchbinderei, auch Müllerei kommt, so sind das doch nur wenige strahlende Sterne an einem sonst recht dunklen

Himmel. Auch in der Südsee und Samoa finden wir solch praktische Berufsvorbildung nur ganz, ganz vereinzelt, und in Kiautschou scheint sie nach meinen Beobachtungen bisher ganz zu fehlen. Nicht wahr, das ist wenig, und wieder sollte man, um von wirklich wertvoller Arbeitserziehung reden zu können, wünschen, hier möchten die Anstrengungen noch stark gesteigert werden.

Verhältnismäßig am besten steht es mit landwirtschaftlichem Unterricht, der qualitativ wichtigsten Form der Arbeitserziehung für die Bewohner unserer Schutzgebiete. Wir finden ihn überall, und in recht beträchtlichem Umfang, und er wird, wo er sich findet, zum Teil ausdrücklich unter dem Gesichtspunkt erteilt, die Schüler bei der Scholle und in ihrer natürlichen Umgebung zu erhalten. So schreibt z. B. der Präfekt der katholischen Mission in Togo ausdrücklich: „Was die Schüler angeht, so hatten diese bis vor drei Jahren so gut wie keine Handarbeit; da aber ernstlich eine Überproduktion an Deutschsprechenden, die natürlich sich für die Feldarbeit zu gut halten, zu befürchten ist, so habe ich angeordnet, daß bei jeder Schule, wo immer die Verhältnisse es erlauben, eine kleine Pflanzung angelegt werden muß, damit die Schüler lernen, daß solche Arbeit keineswegs schändet, und ferner auch, wie sie ihr Land rationeller ausnutzen können."

Diesen Worten entsprechend finden wir in Togo, und zwar, wenn ich recht sehe, bei der Steyler Mission mehr als bei der Norddeutschen, landwirtschaftliche Unterweisungen, und zwar werden ausdrücklich Kulturen von Kakao, Ölpalmen, Sisalagaven, Jams, Kola und Kaffee erwähnt. Auch in Kamerun ist landwirtschaftliche Arbeit häufig. Gelegentlich werden Schulplantagen erwähnt. Einmal heißt es in einem Bericht: „Viele Lehrer lassen durch ihre Schüler ihre Farm bearbeiten." Wenn diese Verwendung der Schüler im Dienste des Lehrers auch pädagogisch sehr anfechtbar sein dürfte, was noch nicht gegen ihre weite Verbreitung entscheidet, — praktisch ist erreicht, was erreicht werden soll, die Heranziehung der Schüler zur Arbeit. Palmkulturen, Palmölbereitung, Kartoffelbau, Pflanzungen von Mehlbananen, Makabo, Kakao, Kassada werden gelegentlich in Kamerun erwähnt, und von Lobethal, einer Station der Basler Mission, heißt es sogar, daß die Land- und Plantagenarbeit viermal drei Stunden wöchentlich beanspruche. Wie weit in Südwestafrika neben dem übrigen praktischen Unterricht Garten- und Feldarbeit in den Stundenplan eingegliedert ist, vermag ich nicht zu übersehen. Mir scheint, daß er einen verhältnismäßig kleinen Raum einnimmt und gegen den anderen Unterricht zurücktritt. Auch in Deutsch-Ostafrika ist landwirtschaftliche Unterweisung selten. Sie wird bei einer Station der Berliner Mission erwähnt, ferner auf den Hauptstationen der Leipziger Mission, ferner in Dsinga und Rubengera für die Betheler Mission, in Masasi für die Universitätenmission, und für die katholischen Missionen in Tosamanganga, Kipatimu, Kurasini, in den Bezirken Lukuledi und Kiberege, in Ndanda und Pugu, in Daressalam, Kwiru, Kilema, Kilomeni, Neuköln, Gare und auf den Hauptschulen des apostolischen Vikariats Süd-Nyansa. Endlich finden wir sie bei einigen Regierungsschulen, z. B. in Pangani, Daressalam, Rufidji und Lindi. Das sind ja etwas stattlichere Reihen als beim Handfertigkeitsunterricht, aber es bleibt doch eine recht kleine Auswahl aus der großen Masse der Schulen der Kolonie, die sich um diese Art Arbeitserziehung kümmert. In der Südsee wird die Landarbeit im Unterricht stark betont, in Samoa finde ich sie fast nur auf den gehobenen Schulen angegeben, und hier geht wieder die Regierungsschule mit gutem Beispiel voran, die an drei vollen Wochentagen Unterricht in Pflanzungsarbeiten erteilt. In Kiautschou fehlt auch dieser Unterricht, soweit ich sehen kann, völlig.

Es ist ja erfreulich, daß in dem wichtigsten Stück der Arbeitserziehung, wie diese Übersicht ergibt, verhältnismäßig noch am meisten geschieht, und ich glaube wohl, daß durch die Einordnung des praktischen Unterrichts in den ordentlichen Schulbetrieb und durch seine Ausdehnung über weite Strecken unserer Schutzgebiete wegen der stillen, unauffälligen Wirksamkeit der Schulen auch verhältnismäßig viel erreicht wird, aber der Gesamteindruck bleibt doch der: die Bildung, wie sie unsere kolonialen Schulen vermitteln, ist zu einem ganz überwiegenden Maße intellektuell.

Das aber scheint mir ein Fehler und ein Schade. Hier sollte eine Reform einsetzen, die einen Ausgleich zwischen einer lediglich intellektuellen und einer rein praktischen Fachausbildung sucht und wirklich alle Fähigkeiten der Schüler entwickelt, um sie zum Kampf ums Dasein geschickt zu machen und den Grund zu einer gesunden Charakterbildung zu legen.

Ich befinde mich mit dieser Forderung in voller Übereinstimmung mit dem, was Abt Norbert Weber auf dem Kolonialkongreß 1910 in Berlin gesagt hat, indem er an den Ausgangspunkt des Erziehungsprogramms die Forderung stellte: „Man erziehe den Neger zur Arbeit". „Die Erziehung zur Arbeit", so sagte er, „ist der erste Hebel, der ein tiefstehendes Volk aus seinem schwankenden Niveau auf eine feste Stufe der Kultur zu heben vermag". „Dann wird das Volk auch tatsächlich durch die Arbeit dem wahren Glück näher gebracht". Doch möchte ich nicht dahin mißverstanden werden, als ob man die praktische Ausbildung von der intellektuellen trennen und sie an die erste Stelle rücken sollte, gleichsam als Vorstufe für die eigentliche Schularbeit. Das wäre eine theoretische Konstruktion, die, ganz abgesehen von den Bedenken, die sie erregt, gar nicht mehr herzustellen wäre. Der Hunger nach intellektueller Bildung ist durch die bereits vorhandenen Schulen geweckt. Man kann ihn nicht beseitigen, auch nicht unbefriedigt lassen. Man kann nur durch systematische und reichliche Einordnung praktischen Unterrichts verhüten, daß durch die Schulen das Vorurteil genährt wird, als bestehe alles Heil in intellektueller Bildung.

Es ist mir allerdings sehr wahrscheinlich, daß man selbst dieser Forderung entgegentreten und sie für unmöglich erklären wird. Sie ist nicht unmöglich. Die Beweise für die Möglichkeit einer vernünftigen Zusammenordnung intellektueller und praktischer Vorbildung sind erbracht durch ein Kind der schwarzen Rasse Amerikas, durch den bekannten amerikanischen Neger Dr. Booker T. Washington und seine weltbekannten Anstalten in Tuskegee, in denen er, der sich selbst „vom Sklaven empor" gerungen hat zu einem der bekanntesten und gefeiertsten Söhne der schwarzen Rasse, vorbildlich gezeigt hat, wie man die Kinder niederer und niederster Kulturen zu wertvollen Gliedern im modernen Geistes- und Wirtschaftsleben erzieht. Ich verweise vor allem auf sein Buch „Handarbeit", das im Jahre 1913 bei Dietrich Reimer in Berlin erschienen ist, und in überaus fesselnder Erzählung zeigt, wie er es angefangen hat. Hat er nicht völlig recht, wenn er einen Unterricht als töricht und verkehrt geißelt, der mit der Wirklichkeit des Lebens in gar keiner Beziehung steht? Er schreibt z. B.: „Ich begegnete jungen Leuten, die mit den schwierigsten Problemen des „Zins- und Bankwesens" oder des „auswärtigen Geldmarktes" fertig wurden, aber niemals darüber nachgedacht hatten, weshalb ihre Väter bei jedem Ballen Baumwolle, den sie produzierten, Geld zusetzten, und warum sie beständig die Ernten verpfändeten und immer tiefer in Schulden gerieten. Ich unterhielt mich mit jungen Mädchen, die genau wußten, wo die Alpen und Anden auf der Karte zu finden sind, aber die keine Ahnung davon hatten, wie man Messer und Gabel richtig auf den Eßtisch legt. Ich traf Leute, die sich erinnerten, daß in gewissen Ländern von Süd- und Mittelamerika Bananen gezogen werden, aber nie darauf gekommen waren, daß Bananen ein nahrhaftes und wohlschmeckendes Gericht für ihren Frühstückstisch abgeben könnten". „Es schien mir verkehrt, die Menschen nach einem Schema ausbilden zu wollen, das sich bei meilenweit entfernt lebenden Gemeinwesen oder vor vielen Jahrhunderten bewährt haben mochte, ohne zu berücksichtigen, wie das wirkliche Leben und die Bedürfnisse derer beschaffen waren, denen die erzieherische Arbeit galt!" Noch an einer anderen Stelle sagt Washington, wieder im Blick auf die Negererziehung in Amerika: „Der schwache Punkt in der Vergangenheit ist der gewesen, daß man nicht versucht hat, die Lücke zu überbrücken zwischen dem ausgebildeten Geist des Negers und seinen Möglichkeiten, die Bedürfnisse eines erwachten Intellekts zu befriedigen. Man hat kaum einen Gedanken darauf verwendet, das gelernte Hirn und die gelernte Hand miteinander in Verbindung zu bringen. Es ist fast ein Verbrechen, junge Männer von der Farm oder aus landwirtschaftlichen Distrikten wegzuholen und sie, wie es so oft geschieht, in allem auszubilden außer der Landwirtschaft, dem einen Gegenstande, mit dem sie am meisten vertraut sein müßten. Die Folge ist, daß der junge Mann, statt zur Liebe für die Landwirtschaft erzogen zu werden, zu einer Abneigung gegen dieselbe erzogen wird; daß er, wenn er die Schule verläßt, statt nach der Farm seines Vaters zurückzukehren und ihm zu zeigen, wie man mit weniger Arbeit mehr erzeugt, verführt wird, in die Stadt zu ziehen und von seinem Verstande zu leben".

Das scheint mir alles eine *sehr gesunde Kritik*, und ich bin überzeugt, daß wir für unsere kolonialen Schulen viel von ihr lernen können.

Es ist zwar leicht, zu kritisieren, und bitter, Belehrung anzunehmen, wenn sie in, ich will einmal sagen, naiver Unverfrorenheit geboten wird, wie Washington sich rühmt, einem Missionar geraten zu haben, er müßte seine Missionstätigkeit in einem Lande, das von Schafzucht lebte, damit beginnen, die Leute zu lehren, mehr und bessere Schafe zu züchten als bisher. Aber es bleibt doch Tatsache, daß die *Arbeitserziehung ein wesentliches und wertvolles Stück der Charakterbildung* ist und der Mensch nicht nur ein Hirn, sondern auch Hände und Arme und Augen hat, die er lernen muß zu benutzen und seinem Willen dienstbar zu machen. Und das gilt ganz besonders für die Tropen, wo, wie ich sagte, die eigentliche Fachausbildung zwischen der Schulzeit und der praktischen Arbeit fortfällt. Und es liegt doch etwas sehr Wahres in Washingtons Wort: „Die meisten Völker haben sich entweder direkt oder indirekt emporgearbeitet durch Berührung mit dem Erdreich. Es liegt etwas im Erdgeruch, — im Kontakt mit der Wirklichkeit, das uns stärkt und fördert, wie das auf keine andere Art geschehen kann. Wenn ich die industrielle Ausbildung für rückständige Rassen oder Individuen fordere, so denke ich dabei stets an den veredelnden Einfluß des Kontakts mit der Wirklichkeit, statt mit Nachahmungen dritten Ranges."

Wie aber kann, das ist die letzte und die entscheidende Frage, eine gründliche Reform des Schulwesens in den Kolonien erreicht und die Arbeitserziehung organisch in die Lehrpläne eingegliedert werden? Mir scheint, am allereinfachsten und mit den allergeringsten Kosten dadurch, daß man *die Schule den Verhältnissen ihrer Umgebung anpaßt*. Die meisten Schulen sind doch Dorfschulen in ländlicher Umgebung. Sie sollen und müssen in drei- bis vierjährigem Lehrgang die Elemente des Lesens, Schreibens und Rechnens neben dem religiösen Unterricht lehren. Sollten dazu nicht dreimal drei, höchstens dreimal vier Stunden in der Woche genügen? Und sollte es nicht möglich sein, die andern 3 Tage, an denen kein Unterricht ist, *systematisch mit landwirtschaftlicher Arbeit* auszufüllen? Vielleicht ist es für weite Bezirke garnicht nötig, besonderen Unterricht zu erteilen oder besondere landwirtschaftliche Arbeit unter Aufsicht des Lehrers vornehmen zu lassen, wenn man die Eltern bewegen kann, dafür zu sorgen, daß die Kinder in dieser Zeit, wie sie es taten, ehe es eine Schule im Dorfe gab, auf dem Acker arbeiten. *Besser ist es allerdings noch, wenn der Lehrer europäische Werkzeuge und europäischen Wirtschaftsbetrieb kennt* und selbst mit Hand anlegt und dadurch die beste Anleitung gibt, und am allerbesten ist es, wenn die Arbeit nicht dem Lehrer zugute kommt auf seiner eigenen Farm, sondern auf eigener Schulplantage und zum Besten der ganzen Schule geschieht. Eins der allerschwierigsten Probleme der Schulentwickelung in den Kolonien wird nämlich in den kommenden Jahren die Aufbringung der Mittel für Schulunterhaltung und Lehrergehalt sein. Es wird den Missionen ebenso wie den Gouvernements, je schneller die Zahl der Schulen wächst, um so schwerer sein, die Mittel dazu aufzubringen. Deshalb werden die Eingeborenen als die meist Interessierten immer stärker herangezogen werden müssen, und das geschieht am leichtesten und am wirksamsten durch Anlegen von Schulfarmen. Das entspricht dem bei den Naturvölkern herrschenden Kommunismus und bedeutet, wenn die finanzielle Verwaltung der Farmen in die Hände eines gemeindlichen Schulvorstandes gelegt wird, gleichzeitig eine Erziehung zum Gemeindebewußtsein und gemeinschaftlicher Verantwortung. Nur ist der Fehler zu vermeiden, daß man die Schulfarmen zugleich zu Versuchsfeldern für unsichere Kulturen macht. Nur das ist auf Schulfarmen zu pflanzen, was den Eingeborenen bekannt ist oder wenigstens keine Schwierigkeiten bereitet und doch Ertrag verspricht, aber es ist so zu pflanzen und vor allem wirtschaftlich so zu verwerten, daß die Überlegenheit unseres Betriebes vor dem Eingeborenenbetrieb in die Augen springt. Nur wenn die Eingeborenen ihren Vorteil sehen, wird solche Schulfarm zu einer dauernden, und dann auch zu einer überaus wertvollen Einrichtung werden. Und je größer die Zahl der Schulfarmen wird, je selbstverständlicher es den Schülern wird, daß Landarbeit und eine gewisse Bildung einander nicht ausschließen, rechte Bildung vielmehr fürs Leben nützt, umsomehr werden die Schulen helfen, der Landflucht zu wehren und nützliche Glieder der menschlichen Gesellschaft zu erziehen.

Nicht ganz so breiten Raum kann die Arbeitserziehung auf den gehobenen Schulen einnehmen, obwohl sie auch da nicht fehlen oder nur auf eine Stunde in der Woche beschränkt sein sollte. Je weiter die Kolonisation fortschreitet und mit ihr der Wert einer guten intellektuellen Bildung steigt, um so nötiger ist es, der Arbeitserziehung Raum zu gönnen, damit auch die gehobenen Schulen unserer Schutzgebiete sein können, was sie sein müssen, nicht Unterrichtsanstalten, sondern Erziehungsanstalten, nicht Bildungsstätten für den Kopf, sondern Bildungsstätten für den ganzen Menschen.

Mit Recht sagt der französische Kolonialpolitiker M. Harmand von der rein intellektuellen Bildung auf gehobenen Schulen: „Die politischen Wirkungen einer solchen Erziehung sind verhängnisvoll. Überall, in Indien, in Ägypten, auf den Philippinen waren es die auf englischen, französischen, spanischen Akademien erzogenen Eingeborenen, welche den Geist der Revolte in ihre tropische Heimat trugen. Man ist sich gegenwärtig darüber einig, daß bei der Erziehung der Eingeborenen alles aus dem Unterricht auszuschalten ist, was mit sozialen, philosophischen, klassischen, politischen und religiösen Studien und Spekulationen zusammenhängt. Der Unterricht muß auf das Positive und Praktische gerichtet sein und dem Eingeborenen insbesondere diejenigen technischen Fertigkeiten verschaffen, die er zu seinem eigenen Nutzen und gleichzeitig im Interesse des Gouvernements nötig hat. Der Grundsatz muß sein: alles durch die Praxis und für die Praxis. Techniker, tüchtige Handwerker, gute Korporale der Genietruppen oder der Kolonialinfanterie, Aufseher für öffentliche Arbeiten, praktische Ingenieure — keine Polytechniker — praktische Ärzte werden den besten Produkten unserer Normalschulen und Fakultäten vorzuziehen sein".

Ich möchte mir längst nicht alle diese Äußerungen des Franzosen Harmand aneignen. Das Ziel, das ich für die beste Eingeborenenbildung im Auge habe, bleibt auf einer wesentlich bescheideneren Stufe. Dennoch glaubte ich seinen Ausspruch wörtlich anführen zu müssen, um zu zeigen, wie auch für die gehobenen Schulen unserer Kolonien praktischer Unterricht zur Charakterbildung unentbehrlich ist und wie seine Vernachlässigung politische Folgen haben kann, die gar nicht wieder gut zu machen sind.

7. Die Stellung der Missionsschulen im Organismus der Schutzgebiete.

Bedarf die Frage nach der Stellung der Missionsschulen in dem Organismus der Schutzgebiete einer besonderen Erörterung? Ist sie nicht einfach durch die Tatsache beantwortet, daß nach unseren deutschen Begriffen alle Schulen ohne weiteres der Schulhoheit des Staates unterstehen und sich deshalb allen Pflichten zu unterziehen, aber auch aller Rechte zu erfreuen haben, die damit gegeben sind? Aber warum fehlt es dann bisher an einer einheitlichen Regelung der vielen rechtlichen Fragen über die Stellung der Missionsschulen? Warum geht die Entwickelung gleichsam langsam tastend und in der Form von vorsichtigen Vereinbarungen vor sich? Daß die Kolonialregierungen ein lebhaftes Interesse an den Missionsschulen haben, ist ganz außer Frage. Keine Missionsgesellschaft denkt daran, das zu bestreiten. Dennoch zeigen die Missionen den staatlichen Verordnungen gegenüber bald Zurückhaltung, bald Ablehnung. Sie meinen, Rechte zu haben und Rechte wahren zu müssen, und es fehlt bisher an einer klaren Abgrenzung sowohl der Rechte, wie der Pflichten auf beiden Seiten. Hat es doch gelegentlich nicht an Reibungen, ja auch nicht an scharfen Zusammenstößen zwischen den Vertretern der Missionsschulen und den Vertretern der Regierungen gefehlt, weil jeder sich in seinen Rechten und Kompetenzen durch den andern beeinträchtigt glaubte.

Schon die Erörterung der Sprachenfrage hat an solche Reibungen und Meinungsverschiedenheiten erinnert, sie hat auch auf mancherlei Verordnungen und Vereinbarungen hingewiesen. Doch habe ich mich bei der Darstellung der Sprachenfrage bemüht, die rechtliche Seite, die sie hat, ganz aus dem Spiel zu lassen, um lediglich die rein sachlichen Motive zur Entscheidung heranzuziehen.

Auch die Behandlung des Problems der Arbeitserziehung enthielt gelegentlich Hinweise darauf, daß hier Staatsinteressen neben den Schulinteressen in Frage stehen. Wieweit gehen die einen, wieweit die anderen? Hat der Staat in den Kolonien ein Recht, die dort bestehenden Schulen zu beaufsichtigen, in ihre Lehrpläne einzugreifen, über Lehrmittelbeschaffung und Lehrerbildung Vorschriften zu machen, Prüfungen zu halten, vielleicht Schulinspektoren anzustellen, oder hat er diese Rechte nicht ohne weiteres? Solche Fragen sind es, die ich jetzt zur Erörterung bringen möchte.

Ich verhehle mir dabei eine ganz außerordentliche Schwierigkeit nicht. Ich bin nicht Jurist und nicht Verwaltungsbeamter. Mir fehlen daher die juristischen und verwaltungstechnischen Fachausdrücke, ein Übelstand, den ich nur dadurch etwas ausgleichen kann, daß ich mich bemühe, für jeden Ausdruck, der vielleicht juristische Bedeutung haben könnte, eine Umschreibung seines Inhalts zu geben, damit unter ihm verstanden werde, was ich unter ihm verstanden wissen möchte. Zudem bin ich Missionsmann, also Vertreter einer Partei. Aber hier handelt es sich ja nicht um einseitige Wahrung eines Interesses, sondern um eine ruhige, sachliche Erörterung, die beiden Teilen zur Klärung nur erwünscht sein kann. Eine solche möchte ich versuchen, obwohl dafür bisher die Vorgänge fehlen, mir wenigstens nicht bekannt geworden sind.

Was auf den ersten Blick selbstverständlich erscheint, die in der Heimat gewordenen rechtlichen Verhältnisse ohne weiteres auf die Kolonien auszudehnen, erweist sich bei näherem Nachdenken als völlig unmöglich. Hier haben wir Schulzwang, aber dazu als Korrelat die jedem schulpflichtigen Schulkinde erreichbare öffentliche Volksschule. Dort im Busch würde Schulzwang als gesetzliche Einrichtung für weite Strecken geradezu lächerlich wirken, weil weder die Polizeigewalt da ist, um den Schulzwang zu überwachen, noch die Schule, um ihn zu ermöglichen. Hier ist die Schulunterhaltung gesetzlich geregelt, aber wer nur einmal ein Schulhaus hat bauen müssen, der weiß, welche Schwierigkeiten es macht, erst sich in allen Gesetzesparagraphen auszukennen, um die Lastenpflichtigen richtig zu ermitteln, und dann die Pflichtigen auch willig zu machen, daß sie ihre Pflicht, wenn auch mit Seufzen, tun. Schon der Gedanke, das alles in die primitiven Verhältnisse der Kolonien zu übertragen, ist ungeheuerlich. Hier haben wir hinter dem Schulzwang und der Schulunterhaltungspflicht den Staat als Garanten, der mit seinen Mitteln eingreift, wo die kommunalen und privaten Mittel versagen. Wie aber mußten bisher die Gouverneure Vorsicht üben in Verteilung der geringen Summen, die ihnen zur Verbreitung der deutschen Sprache bewilligt waren! Hier hat der Staat die Lehrerausbildung in der Hand. Die Schutzgebiete kennen bisher kein einziges staatliches Lehrerseminar, ja meines Wissens kein einziges, dessen Prüfung unter staatlicher Kontrolle vorgenommen wird. Kurz, die Verhältnisse hüben und drüben sind so verschieden, daß von einer gedankenlosen Übertragung des hier geschichtlich Gewordenen auf die Schutzgebiete keine Rede sein kann.

Man sagt nun in der Regel, es sei für den modernen Staatsbegriff selbstverständlich, daß er die Schulhoheit in sich schließe. Ich kann es mir nicht versagen, zum Beleg für diesen Satz einige Absätze aus der glänzenden Darstellung zu zitieren, mit der Friedrich Paulsen seinen Rückblick über die Geschichte des deutschen Bildungswesens abschließt. Er sagt: „Im Mittelalter lag das gesamte Bildungswesen in den Händen der Kirche. Gegenwärtig hat die politische Gewalt überall die Leitung an sich genommen, der Kirche nur noch ein Mehr oder Weniger an Einfluß aus mehr oder weniger gutem Willen überlassend, namentlich im Gebiet der Volkserziehung. Die Universitäten haben schon im Mittelalter den Anfang gemacht, die höheren Schulen sind seit der Reformation gefolgt, zuerst in den protestantischen Gebieten, und im 18. und 19. Jahrhundert ist auch die Volksschule immer mehr verstaatlicht. Die Ursache für diese Bewegung liegt offenbar in dem allgemeinen Zurückgehen der Kirche, dem Vordringen des Staates als der herrschenden Form des modernen Lebens, was wieder mit der fortschreitenden Verdiesseitigung der gesamten Denk- und Empfindungsweise der abendländischen Völkerwelt in sichtbarem Zusammenhang steht: Das Jenseits sinkt und verliert fortwährend an Motivationskraft, und mit ihm verliert die Kirche an Einfluß".

„Der äußeren Säkularisierung", so fährt Friedrich Paulsen fort, „entspricht die innere Laisierung des Bildungswesens. Es sind", um nur die auf die Volksschule bezüglichen Ausführungen zu zitieren, „noch nicht 200 Jahre, da war die ganze Schule, die gelehrte wie die Volksschule, eingetaucht in das Kirchenwesen und den Bekenntnisunterricht; seitdem ist er hier wie dort darauf beschränkt, ein Fach neben anderen zu sein." Und weiter: „Geschehene Dinge lassen sich nicht ungeschehen machen. Der Staat wird die Regulierung des Erziehungswesens, nachdem es durch den Lauf der Dinge ... an ihn gekommen ist, sich nicht wieder entreißen lassen. Und man muß gestehen, es hängt auch mit seinen erweiterten Zwecken und Aufgaben zu eng zusammen, als daß er jemals zulassen könnte, daß es wieder aus einem politicum ein ecclesiasticum werde. Ist die Selbsterhaltung und Erhöhung des Volkes in seinem ganzen Status, in seinem politischen und wirtschaftlichen, in seinem geistigen und sittlichen Stande die Aufgabe, die sich der moderne Kulturstaat stellt (er ist ja in der Tat nichts anderes als die Organisation des Volkes für diesen Zweck), so kann er gegen die Heranbildung des Nachwuchses, auf der die Erhaltung der gesamten Kultur unmittelbar beruht, nicht gleichgültig sein, kann sie auch nicht einer von ihm unabhängigen Macht überlassen, in dem guten Glauben, daß diese seine Aufgabe in seinem Sinn und zu seinem Zwecke leiten werde."

Diese überzeugenden Ausführungen Paulsens werden wirksam unterstützt durch die Worte Theobald Zieglers: „Die allgemeine Volksschule, auf die sie ja besondere Ansprüche erhebt, hat die Kirche nicht geschaffen; im Gegenteil, gerade sie hat es tausend Jahre lang versäumt, die Kinder zur Schule zu halten. Erst der moderne Staat hat durch Einführung der Schulpflicht und des Schulzwangs für alle (erstmals in Weimar 1619) die Schule als allgemeine gegründet; und erst aus dem unkirchlichen Geist der Aufklärung heraus ist ein Volksschulwesen im modernen Sinne des Wortes entstanden."

Als dritten und gewiß unbefangenen Zeugen für ein Recht des Staates über die Schule füge ich zu den berufensten Autoritäten der Heimat den Berichterstatter der Deutsch-Ostafrikanischen Zeitung, der eine Denkschrift Staatssekretär Dr. Solfs über die staatliche Schulaufsicht in den kolonialen Schulen erwähnend folgenden Überlegungen Raum gibt:[1] „Über die Koranschulen muß die Verwaltung wegen der Islamgefahr scharf wachen, zumal die Koranlehrer oft Träger mohammedanischer Propaganda sind". Im Hinblick auf die zahlreichen, weite Volkskreise beherrschenden Missionsschulen heißt es: „Es kann keinem Zweifel unterliegen, daß derartige Schulen aus allgemeinen polizeilichen Gründen und aus Gründen der Eingeborenenpolitik der staatlichen Schulaufsicht unterliegen." Dazu bemerkt die Ostafrikanische: „Mag aus der Begründung auch ein leises Mißtrauen klingen, so besteht sie zu Recht. Woher soll z. B. den ausländischen Gesellschaften der nationale Grundton kommen? Woher soll er kommen, wenn dann gar das weiße Missionspersonal ganz fehlt? Sind doch Belege dafür vorhanden, daß aus den Schulen deutschfremder Gesellschaften bisweilen geradezu deutschfeindliche Einflüsse ausgegangen sind. Wiederholen doch sogar sich die Fälle, daß selbst deutsche

[1]) Deutsch-Ostafrikanische Zeitung Nr. 86, 3. Beilage, vom 25. Oktober 1913. Nach einer Mitteilung des Reichs-Kolonialamts existiert eine solche Denkschrift allerdings nicht.

Missionen selbst nationale Interessen zurückstellen hinter das Weltchristentum. Im großen und ganzen ist ja die Bildungsabsicht der Missionsschulen harmloser Natur." Dann heißt es nach einigen Zwischenbemerkungen: „Bei alledem ist freilich ein Punkt von nationalpolitischer Bedeutung nicht aus dem Blickfeld zu verlieren. Das ist die Sprachenfrage. Wie in Togo und jetzt ähnlich in Kamerun sollte in allen deutschen Kolonien mit gesetzlichem Nachdruck darauf hingearbeitet werden, daß die englische Sprache und erst recht das Küstenenglisch aus den Erziehungsanstalten für Eingeborene verschwindet. Auch für den Religionsunterricht wird man staatliche Überwachung nicht verneinen dürfen. Denn er dient ja nicht allein der Seelsorge, sondern auch der Propaganda. Und die ist konfessionell. Darin liegt die Gefahr, der vorzubeugen ist: die Gefahr, daß sich die Spannung zwischen den wetteifernden Gesellschaften überträgt auf die missionierte Bevölkerung. Da hat die Regierung Ursache zu prüfen, in welchem religiösen Geist die Bevölkerung durch die Schule beeinflußt wird, hat Ursache zu sorgen, daß bei der religiösen Unterweisung der Jugend alle konfessionelle Schärfe vermieden wird." Da es mir nur auf die Gründe für das Recht des Staates über die Schule ankommt, brauche ich auf die Art der Durchführung des Rechtes nicht einzugehen. Die drei Zeugen sind sich also darin einig, daß dem Staat als Staat kraft seiner geschichtlichen Entwickelung und um seiner Selbstexistenz willen gewisse Rechte über die Schule zustehen.

Es wird aber gut sein, wenn wir, ehe wir weitergehen, hier feststellen, daß der Staat sein Recht auf die Schule erst geschichtlich erworben hat, daß es ihm also nicht notwendig und wesentlich zukommt. Es hat Jahrhunderte mit ausgeprägter Staatstheorie gegeben ohne einen leisen Gedanken daran, daß die Schule Domäne des Staates sei, und es gibt noch heute Staaten, die dem Begriff völlig gerecht werden, und die die Schularbeit privater oder kommunaler Initiative überlassen. Die Hoheitsrechte des Staates sind das Recht der Gesetzgebung, das Recht der Gerichtsbarkeit und das Recht der Vollstreckung. Damit sind die notwendigen Merkmale der Staatshoheit erschöpft. Dem Staat gebührt an sich weder eine Kirchenhoheit noch eine Schulhoheit in dem Sinne, daß ihm die Befugnis zustände, Kirche und Schule nach seinem Ermessen zu gestalten. Bekanntlich war der Übergang der Kirchenhoheit an die Träger der Staatsgewalt im Reformationszeitalter nur ein Notbehelf. Nur weil geeignete Träger der Kirchenhoheit fehlten, traten die Landesherren ein und übernahmen zu dem ius circa sacra, dem Rechte, den Staat vor allen Übergriffen der Kirche zu schützen und die Kirche in ihrem Bestande zu wahren, das jus in sacra, das Recht, innere kirchliche Änderungen anzuregen, zum Gesetz zu erheben und durchzuführen. Bestärkt wurde der Staat in der Übernahme der Hoheitsrechte über die Kirche durch die Säkularisierung kirchlichen Vermögens, die ihren Anfang in Übernahme der Verwaltung der Klöster und Kirchengüter sowie der Opfergelder und Benefizien in der Reformationszeit hat. Denn mit der Übernahme der Vermögensverwaltung entstand dem Staat die Pflicht und das Interesse an der rechten Verwendung des Kirchenvermögens, und, das ist für unsere Gedanken von größtem Wert, in dieser Verwendung wird von vornherein die Fürsorge für Schulen vorgesehen: d. h. mit der Übernahme der Kirchenhoheit übernimmt der Staat zum erstenmal Attribute der Schulhoheit. Ich zitiere, um diesen Zusammenhang zu belegen, indem ich an Luthers Aufruf: „An die Ratsherrn aller Städte deutschen Landes, daß sie christliche Schulen aufrichten und halten sollen", nur erinnere, einen einzigen Passus aus den Bedenken Melanchthons vom Jahre 1540: „So die Obrigkeiten den unrechten Gottesdienst abtun, bleiben die Güter der rechten Kirche, und hat also die Kirche dominium derselbigen Güter, aber die weltliche Obrigkeit ist Schützer darüber und hat dieselben zu bestellen wie andere publica bona. Dabei ist die Obrigkeit schuldig, dieselbigen Güter nicht den Kirchen zu entfremden, sondern sie treulich zu erhalten, und davon erstlich das Predigtamt und Schulen nach Notdurft zu bestellen, zum anderen soll davon Hilf geschehen den armen Leuten, und so es große Güter sind, ist billig, daß man davon der armen Jugend, Edlen und Unedlen Hilfe tut zum Studio." Da haben wir die geschichtliche Ursache der Übertragung auch des Schulhoheitsrechtes an den Staat. Es hat sein Korrelat in der Pflicht des Staates, finanziell für die Schulen seines Hoheitsbezirks einzutreten. Ohne diese Pflicht hat es keine Schulhoheit gegeben, sondern nur ein dem kirchlichen ius circa sacra entsprechendes Präventivrecht, das die Interessen des Staates wahrt, wenn die Schule dagegen verstoßen sollte. Da ein Einblick in das Schulleben aber nur durch eine von staatlichen Organen geübte Schulaufsicht gewonnen werden kann, mag das Präventivrecht des Staates an den Schulen getrost Schulaufsichtsrecht genannt werden, vorausgesetzt, daß man unter diesem Begriff immer nur das Negative verstehe, Abwehr aller den Staat schädigenden und dem Staatsinteresse zuwiderlaufenden Bestrebungen in der Schule, Unterbindung jedes Unterrichts, der die Schuljugend national gefährlich beeinflußt. Will der Staat darüber hinausgehend positive Eingriffe in das Schulleben vornehmen, also Schulhoheitsrechte wahren, was ihm als höchster Autorität auf gesetzlichem Wege möglich ist, so kann er sich der mit der Schulhoheit verbundenen Pflicht, primär oder wenigstens sekundär für den Bestand eines ordentlichen Schulbetriebs zu bürgen, nicht entziehen. Bis dahin kann er nur auf dem Wege von Vereinbarungen, durch Zahlung von Zuschüssen, durch Geltendmachung seiner Autorität, Einfluß auf das Schulleben zu gewinnen suchen und so eine mehr indirekte Schulhoheit in Anspruch nehmen. Die Schulhoheit als das Recht, über das Schulleben positiv zu bestimmen, muß immer ihr Korrelat an der gesetzlich verbürgten Schulunterhaltungspflicht haben.

Formen wir, um den Inhalt dieser theoretischen Erwägungen klarzustellen, Beispiele aus der Praxis, so steht dem Staat bei der eminenten öffentlichen Bedeutung, die die Schule hat, aus seinem Schulaufsichtsrecht zu, den Unterricht durch seine Beamten überwachen zu lassen, Unterrichtsfächer, die dem Staatsinteresse zuwiderlaufen, zu verbieten, Lehrern, deren loyale Gesinnung in Frage steht, wenn nötig die Lehrbefugnis zu entziehen, sich zu vergewissern, daß auch in den Lehrmitteln keine staatsfeindlichen Tendenzen vertreten werden, hygienische Schutzmaßregeln in den Schulen durchzuführen, und schließlich Schulen, die für ihn eine Gefahr bilden, ganz zu schließen. Er hat aber an sich nicht das Recht, die Einführung bestimmter Unterrichtsgegenstände, z. B. deutschen Sprachunterrichts zu gebieten oder zur Existenzbedingung für Privatschulen zu machen, oder die Anschaffung kostspieliger Lehrmittel zu erzwingen, wenn er nicht die mit dem in Anspruch genommenen Recht wesentlich verbundene Leistungspflicht auch als für sich bindend anerkennt.

Es ist für die Richtigkeit der hier aufgestellten Theorie ein wertvoller Beleg, daß die Entwickelung in den Schutzgebieten sich durchaus an diese Normen gehalten hat. 1884 setzt die deutsche Kolonialära ein. Aber jahrzehntelang hat man die Entwicklung der Missionsschulen als Privatschulen laufen lassen, ohne irgendwie einzugreifen. Und als man eingriff, da geschah es abwehrend durch das Verbot des Englischen als Unterrichtsgegenstand ohne weiteres, lediglich durch Verfügung. Leider durch Verfügung, wie wir sahen, zu deren Durchführung die Mittel fehlten, positiv eingreifend aber nur in der Form der Verständigung, der Vereinbarung zwischen gleichberechtigten Komparenten, und zwar, obwohl schon Vorgänge aus anderen Kolonien vorlagen, die zu strengeren Maßregeln hätten verleiten können. Schon am 19. Oktober 1896 hatte der Gouverneur der britischen Goldküste in der Sitzung des Schulboards den Antrag gestellt, die Schulen der Norddeutschen Mission im englischen Gebiet von Regierungs wegen schließen zu lassen, weil sie nicht unter Regierungsaufsicht stünden. Die sehr charakteristische Begründung des Antrages lautete[1]: „In Peki wurde ich einer Schule gegenübergestellt, die nicht unter Regierungsaufsicht steht. Sie gehört zur Bremer Mission. Bei genauerer Erkundigung erfuhr ich, daß es 5 oder 6 Schulen der Bremer Mission in der Kolonie gibt. Die Schulen waren auch einmal unter der Regierung, aber sie haben sich selbst losgelöst, weil sie die Forderungen der Regierung nicht annehmen wollten. Wenn ich recht berichtet bin, handelte es sich um den englischen Unterricht. Ich erwähne diese Sache, damit sie der Board der Regierung vorlegt und keine Zeit verloren geht, um diese Schulen unter Regierungsinspektion zu bringen, und es in der Kolonie keine Schule mehr gibt ohne Kenntnis und Einverständnis mit der Regierung und alle Schulen mit den Regeln und Verordnungen der Regierung übereinstimmen."

Diese entschiedene Haltung und scharfe Sprache hat zum Glück im benachbarten Togo keine Nachfolge gefunden. Dort ist man bis auf den heutigen Tag formell bei Vereinbarungen geblieben, deren Ergebnisse durch Verordnung des Gouverneurs bekannt gegeben werden.

Allerdings ist die erste Berührung der Missionsschulen mit der Regierung in Togo ursprünglich eine andere gewesen. Anfänglich hat nämlich das Gouvernement jeder in den Kolonien arbeitenden Mission für die durch die Schule geleistete allgemeine Kulturarbeit eine Beihilfe von 1000 Mark im Jahre gewährt. Dazu bedurfte es keiner Vereinbarung, darin lag wohl auch kein Anspruch auf Schulhoheit, es war nur ein Zeichen des Interesses, das das Gouvernement an den Schulen nahm, und der Bereitwilligkeit, die Missionsschulen unter Wahrung ihres Charakters als völlig selbständige Privatschulen zu fördern.

In dem Augenblick, wo die Regierung den Stundenplan positiv beeinflußte, die privaten Missionsschulen zu Trägern deutschen Sprachunterrichts machen wollte, wurde die be-

[1]) Nach Mitteilung von Herrn Missionar Pfarrverweser Härtter, Endingen.

dingungslose Zahlung der 1000 Mark sistiert und die Schulbeihilfe der Regierung, die im ganzen auf 8000 Mark, später 12000 Mark und 15000 Mark stieg und jetzt wieder gesteigert werden soll, an die Bedingung der Verbreitung der deutschen Sprache im Schutzgebiet geknüpft.

Als aber die Vereinbarung anerkannt war, daß die Verteilung der Beihilfe nach Maßgabe der Verbreitung der deutschen Sprache geleistet werden sollte, war damit der Regierung das notwendige aber sehr gewichtige Recht eingeräumt, einmal, Bedingungen zu stellen, nach denen die Verbreitung des Deutschen gemessen werden sollte, und zweitens sich von der Innehaltung der Bedingungen zu überzeugen, d. h., Einfluß auf den Lehrplan, die Schulordnung und die Schulaufsicht in nicht mehr rein negativer, zuhörender, sondern in positiver, durch Prüfung in den Schulbetrieb eingreifender Art zu gewinnen.

Die Prüfung, für deren Zulassung regelmäßiger Schulbesuch anfänglich an 150 Tagen, jetzt an 120 Tagen, Bedingung war, wurde in den ersten Jahren vom Gouverneur von Togo selbst gehalten, und wie ich gern bezeuge aus angenehmer Erinnerung, in sehr verständnisvoller, praktischer Weise und mit feinstem Takt. Dennoch hätten die Missionen, als ihnen die Konsequenz ihrer Vereinbarung klar wurde, ihr Einverständnis vielleicht gern zurückgezogen. Sie konnten es nicht, weil die Prüfung der Schulen durch die Regierung neben dem verhältnismäßig recht geringen Schulbeitrag ein Imponderabile in der öffentlichen Meinung der Eingeborenen war, das ohne Schädigung des eigenen Ansehens nicht preisgegeben werden durfte. So waren, ich erinnere an den Wettbewerb der Missionen in Togo, die Missionen ziemlich wehrlos, als die Regierung ihre Forderungen immer mehr steigerte. Zwar wurde die für die Bezirksamtmänner fast unerträgliche Vorschrift, daß sie alle zur Prüfung angemeldeten Schüler, auch die ABC-Schützen, die nur über 10 deutsche Worte verfügten und wenige Sätze bilden konnten, auf den Hauptstationen der Missionen persönlich prüfen mußten, zurückgenommen, aber was an seine Stelle trat, war in anderer Hinsicht zum mindesten sehr bedenklich. Es sollten jetzt, seit 1911, nur noch die abgehenden Schüler auf ihre Kenntnis im Deutschen geprüft werden, aber nicht durch den Bezirksamtmann auf der Missionsstation, sondern durch eine von der Regierung eingesetzte Prüfungskommission in der Landeshauptstadt Lome. Dort wurden die Schüler der Regierung, der katholischen und der evangelischen Missionen im Schulgebäude der Regierung 4 Tage hintereinander auf Herz und Nieren geprüft. Da aber diese Prüfung nicht allein mit großen Unkosten für die Mission verbunden war, sondern auch allerlei Unzuträglichkeiten zwischen den Schülern der einzelnen Richtungen und Disziplinlosigkeit nach sich zog, abgesehen davon, daß die Schulvorsteher volle 8 Tage ihrer Arbeit entzogen wurden, ließ sich die Regierung im folgenden Jahre bereit finden, ein zweites Prüfungszentrum für die Inland-Schulen im Innern des Landes zu schaffen. Wer die Prüfung besteht, erhält von der Regierung ein gestempeltes Zeugnis, das ihn zum Dienst in den einfachsten Regierungsstellen berechtigt, wer durchfällt, darf sich im nächsten Jahr noch einmal der Prüfung stellen. Der Ausfall der Prüfung entscheidet über die Verteilung der 15000 Mark für Verbreitung der deutschen Sprache.

Rechtlich ist gegen diese Prüfung gar nichts einzuwenden, da sie auf Vereinbarung beruht, pädagogisch bedeutet sie eine Überforderung, und sachlich führt sie zu schweren Bedenken.

Die Schulen, die in Betracht kommen, gelten als Elementarschulen. Ich lege auf diesen Terminus keinen Wert. Aber gleichviel, ob es sich um einfache oder gehobene Schulen handelt, ist es eine pädagogische Überforderung, den Schülern um solcher Prüfung willen — ganz abgesehen von ihrer 4 tägigen Dauer — eine Reise zuzumuten. Es ist doch nicht ohne Grund, daß alle deutschen Schulprüfungen am Schulort und in der Schule gehalten werden. Man verdreht ja den Schuljungen die Köpfe, wenn man sie einer solchen Kleinigkeit wegen 8 Tage in die Hauptstadt des Landes oder wenigstens in eine fremde Stadt zieht. Dann wird durch das Prüfungsverfahren die Rivalität zwischen den Schülern der verschiedenen Schulen groß gezogen. Und da die Prüfung auf die missionarischen Fächer keine Rücksicht nimmt, liegt die Gefahr nahe, daß die Missionsschulen um der Prüfung willen die Hauptsachen zurückstellen, nur weil sie eine möglichst hohe Regierungsunterstützung erreichen möchten.

Also hier muß geändert werden.

Geändert werden muß aber vor allem die Höhe des Beitrages und seine Beschränkung auf die Verdienste um die Verbreitung der deutschen Sprache.

Nach dem Etat der Schutzgebiete waren für diesen Zweck im Jahre 1912 in Ostafrika und Kamerun je 20000 Mk., in Togo 15000 Mk., in Neu-Guinea 13000 Mk., in Südwest 9000 Mk., in Samoa 5000 Mk. angesetzt. Das sind zusammen 82000 Mk. Bedenkt man, daß bei vorsichtiger Schätzung die von den Missionen in Togo geleistete Schularbeit jährlich 300000 Mk. kostet, der Staat aber nur 15000 Mk. für Verbreitung der deutschen Sprache in den Schulen zahlt, also 5% der Schulkosten, so steht diese Leistung in keinem Verhältnis zu den Forderungen, die an die Zahlung der Beihilfe geknüpft sind.

Es ist aber, und ich denke, das brauche ich nach allem Bisherigen nicht mehr zu begründen, eine völlig verkehrte Bewertung dessen, was die Missionsschulen in den Kolonien leisten, wenn für sie staatliche Beiträge nur wegen Verbreitung der deutschen Sprache gezahlt werden.

In Ostafrika unterhält die Regierung selbständig ein umfangreiches Schulsystem für Eingeborene. Daher ist es verständlich, wenn ein Gouverneur dort auf den Gedanken kommen kann, die ihm zur Verfügung stehenden Mittel lediglich den Regierungsschulen zuzuwenden, wie das der Gouverneur von Ostafrika in den Verhandlungen des Gouvernementsrats in Daressalam am 25. Juni 1913 ausgesprochen hat[1]): „Er sei dafür, alle für das Schulwesen verfügbaren amtlichen Mittel im Interesse der Regierungsschulen aufzuwenden." Es wäre das zwar eine rückhaltslose Anerkennung des privaten Charakters der Missionsschulen, würde aber ebensosehr eine Unbilligkeit wie eine Kurzsichtigkeit bedeuten. An der Hebung der Eingeborenen durch ordentliche Schulen haben die Kolonien das größte Interesse. So mögen sie es betätigen in der Form, in der es den Missionen eine Hilfe ist, durch Unterstützung des gesamten Schulwesens, nicht nur des deutschen Unterrichts. Diese Forderung darf um so eher erhoben werden, als es ja doch nur eine Selbsttäuschung ist, wenn man meint, daß die Beihilfen wirklich nur wegen Verbreitung der deutschen Sprache gegeben würden. Worauf erstreckt sich denn die Prüfung, wie sie in Togo vorgeschrieben ist, heute nicht? Nur nicht, aber das ist auch das einzige Fach, das mit Recht ausgenommen ist, auf die religiösen Fächer, und nicht auf die Eingeborenensprache. Als ob es gleichgiltig wäre, daß die Eingeborenen ihre Muttersprache lesen und schreiben können. Nein, man lasse getrost den Vorwand fallen, unterstütze die Schulen um ihrer selbst willen in einer ihrer gesamten Kulturleistung entsprechenden und des Deutschen Reiches würdigen Weise, und wenn wirklich einmal keine Regierungsbeamten vorhanden sein sollten, die eine Prüfung in der Eingeborenensprache abzunehmen imstande sind, was ich heute nicht mehr glaube, dann habe man zu den prüfenden Missionaren das Vertrauen, daß sie es recht machen.

Der Staat hat außer dem Gelde noch ganz erhebliche Mittel, die Schulen der Missionen zu fördern, und er hat die Pflicht dazu, weil diese Schulen im gewissen Sinne die öffentlichen Volksschulen sind, die Kindern aller Bekenntnisse offen stehen und an vielen Orten lediglich von Heidenkindern besucht werden.

Das erste Mittel ist der Schulzwang.

[1]) Verhandlungen des Gouvernementsrats des Deutsch-Ostafrikanischen Schutzgebietes vom 21.—26. Juni 1913, S. 34.

Allerdings läßt sich ein unbedingter Schulzwang auf absehbare Zeit hinaus noch nicht durchführen. Aber ich habe bereits gelegentlich auf den in Kamerum eingeführten bedingten Schulzwang hingewiesen, nach dem jedes Kind, das einmal zur Schule angemeldet ist, gehalten ist, den vollen Schulkursus durchzumachen. Diese Verordnung hat missionarisch ein Bedenken. Der Lehrer, der sie ausnützt, um säumige Schüler holen zu lassen, stempelt sich damit in den Augen der Eingeborenen zum Werkzeug der Regierung und unterbindet dadurch in gewissem Sinne seinen missionarischen Einfluß. Aber sein Einfluß als Lehrer, seine Autorität, gewinnt auf der anderen Seite durch die ihn stützende Autorität der Regierung. So wird das missionarische Bedenken zurückgesetzt werden können. Aber auch vom Standpunkt der Regierung hat die Verordnung ein Bedenken; sie läßt sich nur bei seßhafter Bevölkerung und einer vollkommen ungehinderten Polizeigewalt durchführen, nicht aber, wo die Bevölkerung, für die Meldezwang noch nicht besteht, hin und her flutet und ein säumiges Schulkind von der Polizei gar nicht erreicht werden kann. Darum setzt eine solche Verordnung weit entwickelte Kulturverhältnisse voraus. In diesen aber wirkt sie außerordentlich erfolgreich. Sie hebt, das bezeugen die Fragebogen aus Kamerun, die auf die Schulordnung eingehen, die Zahl der Schüler, die Regelmäßigkeit des Schulbesuchs und endlich die Treue in der Absolvierung des ganzen Kursus. Da sie zudem einen sehr erwünschten Übergang zum absoluten Schulzwang bedeutet, ist zu überlegen, ob sie nicht in den anderen Schutzgebieten eingeführt werden könnte. Die damit gewährleistete moralische Unterstützung der Missionsschulen wird für die Arbeit wahrscheinlich größeren Wert haben als jede Geldunterstützung.

Es ist nämlich eine durch viele Schutzgebiete hin zu verfolgende Tatsache, daß die Eingeborenen auf die moralische Unterstützung der Schulen durch die Regierung großen Wert legen. Schon mancher Regierungsbeamter hat vielleicht gegen seinen Willen geholfen, die Schulen zu entvölkern, indem er auf die Frage der Dorfhäuptlinge, ob sie verpflichtet seien, die Dorfkinder in die Schule zu schicken, wahrheitsgemäß mit Nein geantwortet hat, während umgekehrt ein freundlicher Hinweis, eine nachdrückliche Ermahnung die leerstehenden Schulen gefüllt hat. Nur dann hätte eine solche Ermahnung Bedenken, wenn am Orte mehrere Schulen verschiedener Konfessionen wären. Aber einmal ist das zum Glück selten der Fall, und auch dann kann die neutrale Stellung des Regierungsbeamten bei einer sachlichen Ermahmung, die Kinder zur Schule zu schicken, sehr wohl gewahrt bleiben.

Wenn die Gouvernements drittens auf Anlegung und Pflege von Schulplantagen dringen, den Handfertigkeits- und den landwirtschaftlichen Unterricht, so wie es im britischen Schulsystem üblich ist, durch besondere Belohnungen auszeichnen, und, wie es in Togo der Fall ist, sich die landwirtschaftliche Ausbildung der Missionslehrer angelegen sein lassen wollten, so hätten sie damit ein drittes Mittel, die Schule zu fördern und ihr Ansehen zu stärken.

Dagegen bin ich zweifelhaft, ob es sich empfiehlt, wofür auch Vorgänge vorliegen, die Schüler der Oberklassen der Missionsschulen, weil sie Schüler sind, von der Zahlung der Steuer oder der Leistung der Steuerarbeit zu befreien. Es wird natürlich von den Missionsschulen hart empfunden, wenn ihre Schüler plötzlich, weil sie erwachsen sind, Steuerarbeit leisten sollen. Aber die Schulen sind keine Herbergen für Steuer-Drückeberger, und solange die Körperkraft als der einzige Maßstab für die Heranziehung der erwachsenen Eingeborenen zur Steuerarbeit dient, sollten weder die privaten Missionsschulen noch die Regierungsschulen von der Steuerarbeit Dispens verschaffen. Das Recht des Staates geht auf jeden Fall vor.

Ziehen wir die Summe unserer Überlegung, so ergibt sich: Die Schulen der Mission, sind, obwohl sie den Platz der öffentlichen Volksschulen einnehmen, Privatanstalten.

Sie haben daher kein anderes Recht an den Staat, als das der moralischen Unterstützung, wohl aber die Pflicht, aus ihrem Betriebe alles den Interessen des Staates Feindliche fern zu halten, sich eine schonend zu übende, rein beobachtende Aufsicht gefallen zu lassen und, soweit es im Unterrichtsbetrieb möglich ist, vaterländischen Bestrebungen zu dienen. Will der Staat auf den Schulbetrieb Einfluß gewinnen, so hat er den Schulen entsprechende Unterstützung zu leisten, doch sollte die Unterstützung nicht allein nach dem Maße der Verbreitung der deutschen Sprache, sondern allgemein nach dem Kulturwert der Schulen für die Kolonien gemessen werden. Will der Staat noch weiter gehen und gesetzlich die volle Schulhoheit ausüben, so hat er als Korrelat der Schulhoheit die allgemeine Schulpflicht einzuführen und die Einrichtung und Unterhaltung eines vollen Schulbetriebes sicher zu stellen. Erst wenn er selbst die Ausbildung von Lehrern in die Hand nimmt, kann er an die Ausbildung der Lehrer besondere Forderungen stellen.

Wenn diese grundsätzlichen Gedanken festgehalten werden, ist die Grundlage für eine gesunde Schulpolitik gegeben, deren Grundlinien festzulegen unsere letzte Aufgabe sein wird.

8. Die Grundzüge einer gesunden Schulpolitik.

Erstes Erfordernis einer Darstellung der Grundzüge einer gesunden Schulpolitik ist eine Verständigung über den Aufbau des Schulsystems und die technische Bezeichnung der kolonialen Schulen. Es ist gerade eben in der Allgemeinen Missionszeitschrift der Vorschlag gemacht worden, in Missionsstatistiken die Schulen in die Rubriken Kindergärten, Elementarschulen, Mittelschulen, Seminare und Hochschulen zu teilen. Ich kann diese Einteilung, die auf die Weltmission Rücksicht nimmt, für die Schulen in den deutschen Schutzgebieten nicht gerade als glücklich bezeichnen, weil sowohl der Begriff der Elementarschulen wie der der Mittelschulen unklar ist. Meines Erachtens ist es besser, als Gradunterschiede nach dem Gefühl, solche nach bestimmten sachlichen Kategorien einzuführen. Als solche sind Kindergärten, Seminare und Hochschulen ohne weiteres anzuerkennen. Es ist aber nicht ohne Grund, daß in den Antworten auf die statistische Umfrage des Hamburgischen Kolonialinstituts die Elementar- und gehobenen Schulen nicht scharf gegen einander abgegrenzt sind. Man hat einfach in der Heimat geltende Schulbezeichnungen auf die Schutzgebiete übertragen und, was hier als Elementarschule gilt, auch dort Elementarschule genannt. Das muß aber zu falschen Vorstellungen führen, weil es z. B. den Gedanken weckt, als ob die eingeborenen Lehrer in ihrer Bildung den heimischen, und in weiterer Konsequenz, die eingeborenen Pfarrer und Katecheten denen in der Heimat gleichgestellt werden dürften, was ganz und gar nicht der Fall ist. Die Schulen in den Schutzgebieten sollten als Größen für sich behandelt und nach dem im kolonialen Leben gegebenen Maßstab gemessen werden. Es ist deshalb gar nicht ungeschickt, wenn z. B. die Regierung in Ostafrika ihre Schulen in Nebenschulen, Hauptschulen und Hauptschulen mit Oberstufe teilt. Die Nebenschulen werden nur von eingeborenen Lehrern versorgt. Ihr Lehrgang umfaßt 3 Jahre, die Unterrichtsdauer täglich vier Stunden. An den Hauptschulen unterrichten auch europäische Lehrkräfte. Ihr Lehrgang ist vierjährig; sie führen deutschen Sprachunterricht ein. Die Hauptschulen mit Oberstufe fügen noch zwei Schuljahre, eins zur Wiederholung und Ergänzung des bisherigen Lehrstoffes und eins zur Fachausbildung zu. Allein dagegen, diese Bezeichnung auf alle kolonialen Schulen auszudehnen, spricht für mich schon der Name Nebenschulen, der den Gedanken des Nebensächlichen, sicher des Unvollständigen erweckt, und so in sich die Tendenz trägt und diese Tendenz auch bewußt erzieht, als ob die Schüler eigentlich von den Nebenschulen auf die Hauptschulen übergehen sollten. Deshalb erscheint es mir für die Verhältnisse in den deutschen Schutzgebieten angemessener, statt des Ausdrucks Nebenschule den landläufigen Ausdruck Volksschule zu setzen und unter Volksschule jede Schule mit drei- bis vierjährigem Lehrgang zu verstehen, die, ohne auf irgend welchen Unterricht im Deutschen einzugehen, sich bemüht, den Kindern das elementarste Wissen, das für ihr Leben unentbehrlich ist, beizubringen. Im Gegensatz zu den Volksschulen, die also einen in sich geschlossenen Bildungsgang vermitteln, wie er den primitiven Verhältnissen der Schutzgebiete angemessen ist, würde ich alle über das Maß der Volksschule hinausführenden Schulen, die das Deutsche als Unterrichtssprache heranziehen, gehobene Schulen nennen, ohne wieder durch die Bezeichnung Mittelschule den Gedanken zu wecken, als müßte in Zukunft noch eine höhere Schule auf das jetzt bestehende Schulsystem aufgebaut werden. Will man die gehobenen Schulen spezialisieren, so rede man außer von den gewöhnlichen gehobenen Schulen, also den Schulen am Ort der Missionsstation und den meisten Regierungsschulen, von Fortbildungsklassen, lasse aber keinen Zweifel darüber, daß weder die gehobene Schule noch die Fortbildungsschule eine Anwartschaft auf höhere Bildung im Sinne des gebildeten Mitteleuropäers verleiht. Es ist reichlich genug, wenn parallel zu den Fortbildungsklassen Seminare für den Schul- und Missionsdienst die nötigen Anwärter schaffen, während die Anwärter für den niederen Regierungsdienst und in der Kaufmannschaft sich aus den Zöglingen der gehobenen Schulen und der Fortbildungsklassen ergänzen. Jede höhere Bildung, etwa der Bildung des englischen College entsprechend, wäre heute noch ein Danaergeschenk für die Eingeborenen. Die Zeit für eingeborene Rechtsanwälte und Ärzte ist vorläufig noch nicht gekommen, und wir wollen wünschen, daß sie noch Jahrzehnte auf sich warten läßt.

Nimmt man diese Bezeichnung an, so ist das Ziel der Schularbeit pädagogisch richtig als Volksbildung und Charaktererziehung bestimmt. Die Fach- und Berufsvorbildung ist den bestimmten, deutlich erkennbaren Unterrichtsanstalten, den Fortbildungsklassen und Seminaren einerseits, den Lehranstalten für praktische Arbeit andrerseits vorbehalten, ohne daß es nötig wäre, die Lehranstalten in das Schulsystem dem Range nach einzuordnen. Es bleibt an dieser Bezeichnung klar, daß, was die Volksschulen auf den Dörfern vermitteln, das normale Maß der Volksbildung darstellt, und der Entwickelung des Schulwesens nach oben ist völlig freier Raum gegeben. Denn sobald es nötig ist, über die gehobene Schule hinaus etwa höhere Knaben- und Mädchenschulen einzurichten, wie in Kiautschou, steht dem nichts im Wege, und die neue Bezeichnung mag sich durch die Erweiterung des Lehrstoffes, etwa Einführung einer zweiten Fremdsprache, von selbst rechtfertigen. Die Bezeichnung ist auch auf Deutsch-Ostafrika anwendbar, sobald man das Suaheli als lingua franca anerkennt und nicht als Fremdsprache im eigentlichen Sinne rechnet.

Wenn es gelänge, eine solche einheitliche Bezeichnung ganz allgemein einzuführen, und vielleicht würde dazu ein einheitliches Vorgehen der Schutzgebietsregierungen wertvolle Dienste leisten können, so wäre dem künftigen Statistiker des kolonialen Schulwesens die Arbeit ganz wesentlich erleichtert. Die Übersicht würde an Richtigkeit und Wahrheit gewinnen, und es bliebe doch reichlich Spielraum, den Lehrplan den Fähigkeiten der Kolonialvölker und den Bedürfnissen der verschiedenen Schutzgebiete anzupassen. Wir hätten mehr Einheitlichkeit, ohne in mechanische Vereinerleiung zu verfallen, und wir hätten ein Zusammenarbeiten aller beteiligten Schulleitungen in einem äußeren, nicht unwichtigen Punkte als erstes Kennzeichen für eine weitere erfreuliche und förderliche Schulpolitik.

Denn darüber kann keine Meinungsverschiedenheit sein, daß ein Zusammenarbeiten aller beteiligten Mächte in friedlicher Weise und bei aller Verschiedenheit der Einzelziele zum Besten der uns anvertrauten Kolonialvölker das allerwichtigste Stück einer gesunden Schulpolitik sein und immer mehr werden muß.

Dazu erscheint mir allerdings die Regelung einer grundsätzlichen Frage, zum mindesten ein ruhiges Durchdenken der mit ihr gegebenen Probleme, im Interesse aller Beteiligten unbedingt erforderlich, nicht nur im höchsten Maße wünschenswert, das ist die Frage nach der religiösen Unterweisung auf Regierungsschulen, die bisher fehlt, zum Teil grundsätzlich verboten ist. An der religiösen Neutralität unserer Kolonialregierungen kann und soll dabei in keiner Weise gerüttelt werden. Diese ist vielmehr bei der leider einmal geschichtlich gegebenen konfessionellen Spaltung des deutschen Volkes eine unbedingte Notwendigkeit, entspricht auch allein dem Begriff des modernen Staates. Dennoch schließt sie nicht aus, daß die Regierung Religionsunterricht an ihren Schulen nicht nur zuläßt, sondern vielleicht sogar obligatorisch macht. Da unser Staat keinesfalls ein islamischer Staat ist und gar kein Interesse daran hat, islamischen Unterricht erteilen und damit in versteckter oder offener Form islamische Propaganda gewähren zu lassen, kann allerdings nur christlicher Religionsunterricht in Frage kommen. [1]) Und es ist nicht ein-

[1]) Prof. Dr. C. H. Becker in Bonn vertritt neuerdings den Vorschlag, an mohammedanische Kinder einen unter staatlicher Aufsicht

zusehen, warum nicht den Missionen der verschiedenen Konfessionen erlaubt werden sollte, einen fakultativen oder obligatorischen Religionsunterricht an die Schüler der Regierungsschulen zu erteilen, falls dies aus allgemeinen Erwägungen heraus sich als wünschenswert erweisen sollte. Solche Erwägungen liegen aber tatsächlich vor. Alle Kenner der Psyche tiefstehender Völker bekunden, daß das ganze Denken dieser Völker durch und durch religiös orientiert sei. Die notwendige Folge des Zusammenprallens unserer Kultur mit den, sagen wir kurz, primitiven Völkern ist aber, daß mit ihrer Kultur auch ihre Religion völlig in sich zusammenbricht; mit der Religion bricht dann weiter die Ethik und die soziale Struktur zusammen. Dazu tragen die Schulen z. B. schon durch die geographische Aufklärung, die sie bringen, notwendig und entscheidend bei. Ist es nun bei so tiefstehenden, unreifen, der Erziehung bedürftigen Völkern zu verantworten, daß man diese religiöse Krisis sich vollziehen läßt, ohne eine Gegenwirkung zu versuchen? Eine Gegenwirkung kann aber, wo sie versucht wird, bei der religiösen Grundtendenz des Eingeborenencharakters nur religiös orientiert sein, sonst verfehlt sie ihren Zweck. D. h. eine religiös-sittliche Unterweisung der primitiven Völker sollte ein Grundpfeiler aller Schulunterweisung sein, wenn auch nur in der Form, daß die religiös-neutrale Regierungsschule ihren heidnischen Schülern erklärt: welchem christlichen Religionsunterricht ihr euch stellt, welche konfessionelle Schattierung ihr wählt, welcher Mission ihr euch anschließt, ist völlig gleichgiltig, aber irgend eine solche Unterweisung ist, solange unsere Kolonialvölker nicht reifer sind, unbedingtes Erfordernis. Solches Vorgehen würde die religiöse Neutra-

stehenden Unterricht in einem nach modernen Gedanken gereinigten Islam erteilen zu lassen. Ich kann mir von einem solchen Islam vorläufig noch keine Vorstellung machen und würde es für ausreichend halten, daß in mohammedanischen Gebieten, wo die Durchführung der von mir vorgeschlagenen Maßregel auf Bedenken stoßen würde, mohammedanische Kinder auf Anfordern ihrer gesetzlichen Vertreter von der Teilnahme am Religionsunterricht befreit würden.

lität in keiner Weise gefährden und böte doch den religiösen Halt, der für erforderlich erachtet wird, und ich wüßte nicht, welche Bedenken von Missions wegen gegen dies Vorgehen erhoben werden könnten.

Daß aber diese theoretischen Erwägungen keine Konstruktionen a priori, sondern sachlich begründet sind, zeigt die Erfahrung auf anderen Kolonialgebieten. So sagt der Parlaments-Bericht einer für Britisch-Südafrika eingesetzten Kommission für Eingeborenenangelegenheiten (1903—05) in einem Lande, in dem grundsätzlich Religionsunterricht nicht unter die von der Regierung unterstützten Fächer aufgenommen war: „Für die sittliche Hebung der Eingeborenen gibt es keinen Einfluß, der dem des religiösen Glaubens an Wert beikäme. Die Kommission glaubt nicht, daß irgend ein nur weltliches Moralsystem, das man anwenden könnte, dazu dienen würde, die Ideale der Lebensführung bei den Eingeborenen zu heben und den bezeichneten üblen Einflüssen wirksam zu begegnen. Sie ist der Meinung, daß die Hoffnung auf Hebung der eingeborenen Rasse in der Hauptsache davon abhängt, daß diese Rasse den christlichen Glauben und die christliche Moral annimmt."

Zu diesen Erfahrungen aus Südafrika treten ganz ähnliche aus Japan und aus Britisch-Indien. „So sprach bei einem Religionskongreß im Februar 1912 der japanische Minister Tokonami sich dahin aus, daß die politische Erneuerung Japans einen Radikalismus gezeitigt habe, der aller Religion feindlich und gefährlich sei. Um der nationalen Sittlichkeit willen aber sei zu wünschen, daß die Religion im Volke mehr Ansehen und Einfluß gewinne als bisher. Zur ständigen Einwurzelung eines rechtlichen Sinnes sei eine ständige Berührung mit dem Göttlichen unerläßlich. Eben deshalb müßten Schule und Religion zusammenwirken zu der sittlichen Erziehung des Volkes." „Auch in Indien hat sich die öffentliche Meinung im letzten Jahrzehnt wiederholt in den stärksten Ausdrücken über den demoralisierenden Einfluß ausgesprochen, den die einseitig intellektuelle Bildung der angloindischen Regierungsschule auf das heranwachsende Geschlecht der Gebildeten ausübe." Aber während z. B. der Eingeborenenstaat Maisur, der stark unter brahmanischem Einfluß steht, vor kurzem angeordnet hat, daß in allen staatlichen Schulen Religionsunterricht erteilt werden müsse, mußte die angloindische Regierung selbst infolge ihres Grundsatzes strengster Neutralität bisher die Pflege der Religion den konfessionellen Privatschulen überlassen.

Sollen Indien, Japan, Südafrika solche Erfahrungen umsonst gemacht haben, ohne daß wir davon lernen? Oder sollen wir nur, um ja nicht in den Verdacht zu kommen, wir hielten die Religion für etwas für den Menschen Hohes und Heiliges, unsere Kolonialvölker, oder wenigstens ihre durch die Regierungsschulen gehenden Führer dem religiösen Bankerott entgegenpeitschen? Mir scheint, es sei klüger, hier zeitig einem Schaden vorzubeugen, zumal dadurch das Einvernehmen der um die Schulen in den Schutzgebieten interessierten Körperschaften nur gesteigert wird.

Ein Einverständnis über Religionsunterricht verschiedener Konfessionen und Denominationen an Regierungsschulen setzt allerdings voraus, daß aus der kolonialen Schularbeit jede konfessionelle oder denominationelle Spannung geflissentlich ferngehalten werde. Wenn ich gelegentlich erwähnte, daß in einem Orte wie Lome in Togo, die Kindergärten ungerechnet, 10 verschiedene Schulen und Lehranstalten sind, so ist das sicher ein Zeichen, daß in der Schulpolitik etwas nicht ganz gesund ist. Das wird um so deutlicher, wenn man hört, daß unter den 10 Schulen 3 Fortbildungsschulen sind, also Anstalten mit ganz gleichen Zielen, von denen die eine der Regierung, die zweite der katholischen, die dritte der evangelischen Mission untersteht, und keine aufgegeben wird, weil jede Schulleitung meint, es der Konkurrenz (man verzeihe, daß ich den scharfen Ausdruck brauche) und dem Einfluß auf die eigenen Schüler schuldig zu sein, wenn sie den teuren Schulbetrieb aufrecht erhält. Wäre es da nicht viel gesunder, wenn man auf dem Wege der Vereinbarung, meinethalben auch des moralischen Druckes, dahin käme, daß, ich will einmal sagen, die Missions-Fortbildungsschulen eingezogen werden, dafür aber konfessionell verschiedener Religionsunterricht an der staatlichen Fortbildungsschule obligatorisch wird? So könnte Kraft, Zeit und Geld gespart werden, und keiner hätte Schaden, alle hätten Vorteil davon.

Es ist verlockend, solche Gedanken weiterzuspinnen und etwa die Frage aufzuwerfen, ob es nicht irgendwie verhindert werden kann, daß an kleinen und kleinsten Orten Missionsschulen verschiedener Konfession einander die Schüler abspenstig machen, wie es z. B. in Togo Orte mit 100 Einwohnern und 2 Schulen gibt. Allerdings verbürgt § 14 des Schutzgebietsgesetzes mit der freien Niederlassung den Missionen implicite auch das Recht freier Schulgründung. Ob aber da nicht durch eine geeignete Entziehung oder Gewährung der Schulbeihilfe geholfen werden könnte? Wenn man die Beihilfe, wie ich das ja bereits gefordert habe, nicht ausschließlich nach dem Maße der Verbreitung des Deutschen verteilte, sondern nach Schulen, Schülerzahl, Schulbesuch, Lehrplan und Qualifikation des Lehrers, wäre es ein Leichtes, der erstberechtigten Schule in einem Dorfe die moralische Unterstützung der Regierung zu sichern und damit eine Konkurrenz wirkungslos zu machen. Der Dörfer und Ortschaften gibt es genug in unseren Schutzgebieten. So verteile man die Schulen und suche jede unnötige Anhäufung zu hindern. Auch das würde Kraft sparen, die Wirkung der Schularbeit verstärken, Reibungsflächen vermindern und den Regierungen ein moralisches Eintreten für die Schulen ermöglichen, ohne sie in den Verdacht konfessioneller Parteilichkeit zu bringen.

Konfessionelle Parteilichkeit, zu dem Stichworte noch eine Bemerkung. Es ist gefährlich für eine gesunde Schulentwickelung, wenn das Nebeneinander mehrerer verschiedener Schulen benutzt wird, um den Wetteifer und den Ehrgeiz zu wecken und um die Unterrichtsziele vorschnell auf eine zu hohe Stufe zu heben. Schulen sollen nicht Experimentierkästen sein, sondern sich in ruhiger Entfaltung entwickeln dürfen. Das gilt von den Schulen in der Heimat, gilt vielmehr noch von den Schulen der Schutzgebiete, weil hier die Gefahren des Experimentierens durch die geringere pädagogische Ausbildung der Lehrer noch gesteigert werden. Konfessioneller Wetteifer würde den Keim zu konfessioneller Verhetzung in sich tragen und damit Unruhe in die koloniale Entwicklung bringen, die auf jeden Fall vermieden werden muß. Aus diesem Grunde ist der in der letzten Zeit wiederholt gemachte Versuch der Gouverneure in Ostafrika, Togo und Kamerun, auf eine Gebietsabgrenzung zwischen den Konfessionen für eine bestimmte Reihe von Jahren hinzuwirken, vom Standpunkte einer gesunden Schulpolitik aus durchaus zu begrüßen. Es kann ja nicht gut sein, wenn innerhalb eines Stammes, einer Familie, in dem Gebiet, dem sicherlich subjektiv die oberste Stelle im inneren Leben eingeräumt wird, im religiösen Gebiet, eine Spaltung, schärfer ausgedrückt eine Spannung vorhanden ist.

Ich vermag deshalb sogar einem von den Missionen sicher sehr skeptisch beurteilten Vorschlage ein gewisses Recht nicht abzuerkennen, der von der Ostafrikanischen Zeitung z. B. geforderten staatlichen Überwachung der religiösen Unterweisung, die ja nur den Keim zu einer weitergehenden Einrichtung, der eines allgemeinen Schulinspektorates von Regierungs wegen bildet. Gewiß hätte eine solche Einrichtung, vor allem wenn sie plötzlich ins Leben gerufen werden sollte, ihre Bedenken und ihre Schwierigkeiten. Es wäre sicher nicht wohlgetan, weder im Interesse der Verbreitung des Deutschen, noch im Interesse einer gesunden kolonialen Schulentwickelung, wenn plötzlich die Fonds für Verbreitung des Deutschen umgewandelt würden in Mittel zur Anstellung staatlicher Schulinspektoren. Man könnte aber drei ganz verschiedene Auswege vorschlagen, die zu diesem Ziel führen. Man könnte es erstens bei einer gelegentlichen Schulaufsicht bewenden lassen. Dann wären die Bezirksamtmänner die von selbst gegebenen Aufsichtsorgane, denen es vorbehalten bleiben könnte, wie sie ihr Aufsichtsrecht ausüben wollten. Eine große Belastung würde mit dem Amt nicht verbunden sein, wenn man ihm keine zeitraubenden Prüfungsverordnungen anhängt. Den Schulinspektoren würde kraft ihres Staatsamtes ohne weiteres eine von den Missionen willig anerkannte Autorität eigen sein, und ihre Parität stünde um ihrer Stellung willen außer Frage. Man könnte zweitens die Regierungslehrer mit der Schulaufsicht nebenamtlich beauftragen. Damit gewönne man Schulfachleute, deren Rat und deren Urteil sehr wertvoll werden könnte. Nur würde hier die Autorität von den Missionaren vielleicht nicht ganz so willig anerkannt werden, und es bliebe immer das Bedenken, daß die Regierungslehrer ihre eigenen Schulen zu leiten haben, also gleichzeitig den Leitern der Missionsschulen neben- und übergeordnet sein müßten. Vielleicht wäre hier auch das Bedenken noch, daß die Regierungslehrer es nicht zu der Seßhaftigkeit im Schutzgebiet zu bringen pflegen wie die Bezirksamtmänner. Steter Wechsel des Aufsichtspersonals wäre aber bei den werdenden Verhältnissen unserer Schutzgebiete möglichst zu vermeiden, weil er ein neues Moment der Unruhe in Verhältnisse hineintrüge, die an sich schon unruhig genug sind. Handelt es sich um so weite Gebiete wie Deutsch-Ostafrika, so wäre die einem Regierungslehrer aufgelegte allgemeine Schulinspektion nahezu eine Unmöglichkeit. Hier würde ein Beamter im Hauptamt von der Fülle der Aufgaben erdrückt werden, — es handelt sich um über 1000 Schulen, — also von einer Schulinspektion im Nebenamt würde in dieser Form keine Rede sein können. Ich komme deshalb auf eine dritte Möglichkeit, die ich schon früher gelegentlich öffentlich vertreten habe und gegen die ein entscheidender Einwand mir bisher nicht bekannt geworden ist: man lasse die Schulen einer Schulleitung als einheitlichen Komplex und gebe jedem Komplex einen staatlich vereidigten Schulinspektor in einem als unbedingt zuverlässig anerkannten Schulvorsteher oder

Missionar des eigenen Kreises, so daß für jede Schulgruppe die Aufsicht von einem Zugehörigen, aber von Staats wegen geübt würde. Dann brauchte man nur die Normen der Aufsicht und der Prüfungen einheitlich zu gestalten und hätte damit alles erreicht, was in den Schutzgebieten zur Zeit erreichbar und wünschenswert ist: man hätte den Charakter der Freiheit gewahrt, indem man Fremde von den Schulen fernhielt, man hätte die Möglichkeit geschaffen, die Prüfungen am Schulorte zu halten und sie nach Wunsch der betreffenden Schulleitungen auf den Religionsunterricht und die Eingeborenensprache auszudehnen, und könnte doch objektiv zuverlässige Maßstäbe für die Verteilung der staatlichen Schulbeihilfen gewinnen. Man darf auch nicht sagen, daß man auf solche Weise dieselbe geistliche Schulaufsicht, die man in der Heimat abschaffe, in den Schutzgebieten einführe, denn in den Schutzgebieten handelt es sich noch für lange Zeit nicht um öffentliche Volksschulen, sondern ganz überwiegend um private Missionsschulen, denen man bei der religiösen Gefährdung der kolonialen Völker die Eigenart möglichst unangetastet lassen sollte. Allerdings — solche. Schulinspektoren im Nebenamt wären gleichzeitig Vertreter ihrer Mission, also Partei. Man könnte sie für die staatlich erwünschte Kontrolle des religiösen Unterrichts für nicht ganz einwandfrei erachten und ihnen Befangenheit zugunsten der Leistungen ihrer eigenen Schulen schuld geben. Der zweite Fehler würde auf Gegenseitigkeit beruhen, also sich aufheben, und der erste wird auch dadurch nicht aufgehoben, daß man Regierungsbeamte schickt. Solange die Überwachung dauert, wird selbstverständlich nichts Herausforderndes oder Verletzendes im Unterricht gesagt werden. Da gilt das Ewe-Sprichwort: „Der Fremde mit den großen Augen sieht doch nicht hinter das Haus.“ In der Beziehung kann wirksame Kontrolle nur durch sorgfältiges Achten auf die öffentliche Meinung, vor allem auch durch die Lektüre der immer zunehmenden Zeitungen und Zeitschriften für Eingeborene gewonnen werden. Deshalb scheint mir aller Bedenken ungeachtet der dritte Vorschlag zur Ausgestaltung einer kolonialen Schulaufsicht heute noch der brauchbarste und empfehlenswerteste, der natürlichste und der billigste. Eine Konferenz der Schulinspektoren eines ganzen Schutzgebietes würde dann eine höchste, sachkundige und wohlwollende Zentralinstanz sein, die für die Weiterentwickelung der Schulen von der allergrößten Bedeutung sein könnte.

Auf welche Punkte kommt es bei der Entwicklung des Schulwesens vor allem an? Ich meine auf folgende drei Punkte des Lehrplans zuerst:

Erstens auf eine Entlastung der Volksschulen von jedem deutschen Unterricht und auf starke Heranziehung des Deutschen in den gehobenen Schulen jeder Art. Das Deutsche steht uns zu hoch, als daß es zu einer Spielerei entwürdigt werden dürfte, und Spielerei wäre es, wenn man im Busch Afrikas oder in der Südsee die drei oder vier Jahre des Volksschulunterrichts mit einigen kümmerlichen Anfängen des Deutschen belasten wollte. Auf der Dorf- und Volksschule könnte es sich immer nur um Anfänge handeln, und Anfänge, denen die Fortsetzung fehlt, haben erzieherisch gar keinen, höchstens einen sittlich verderblichen Wert. Aber auf den gehobenen Schulen habe das Deutsche seine Stätte. Und da ist es gleich, ob man im dritten oder bereits im ersten Schuljahr mit dem Deutschen beginnt. Das eine ist so gut zu verteidigen wie das andere. Je früher man anfängt, desto fester kann der Grund gelegt werden, und umgekehrt, je solider die Vorkenntnisse in der Muttersprache, um so fruchtbarer der Unterricht in der Fremdsprache. Die Entscheidung ist nach der sprachlichen Veranlagung der Schüler zu fällen und wird in Togo anders ausfallen als in Ostafrika, in der Südsee anders als in Südwest. Jedenfalls sollte die Sprachkenntnis und Sprechfertigkeit so weit gefördert werden, daß sie für den Hausgebrauch der abgehenden Schüler im Handel und im Verkehr mit Deutschen ausreicht und die Grundlage bietet für eine gründliche Durchbildung im Deutschen auf den Seminaren und etwaigen höheren Schulen.

Wo zweitens neben dem Deutschen aus örtlichen Gründen andere europäische Sprachen gelehrt werden müssen, ich denke z. B. an Samoa, da sei die überragende Stellung des Deutschen rückhaltlos anerkannt und den andern Fremdsprachen nur so viel Raum gelassen, wie unbedingt erforderlich ist.

Drittens ist vor jeder Überlastung der kolonialen Schulen mit Lehrstoff zu warnen. Rücksicht auf die wirklichen Verhältnisse und auf die zukünftigen berechtigten Bedürfnisse der Eingeborenen sollte zu einer Betonung des Praktischen im Unterricht, vor allem zu einer starken Vermehrung landwirtschaftlicher und handwerklicher Ausbildung führen. Das ist besonders für die Realien, für den Geschichts- und den erdkundlichen Unterricht zu fordern, aber auch für den Rechenunterricht, dessen Methodik, soviel ich sehe, in fast allen Schutzgebieten einer Aufbesserung, vielleicht auch einer Anpassung an die Fähigkeiten und Bedürfnisse der Eingeborenen bedarf. Doch sollte die Eingliederung praktischer Fächer und die Förderung der Handfertigkeit usw. nicht dazu verführen, die Schulbildung mit einer fachlichen Berufsvorbildung zu verwechseln.

Da ich all diese Forderungen bereits eingehend begründet habe, kann ich mich jetzt damit begnügen, die Ergebnisse zu ziehen, und mich ganz kurz fassen. Etwas anders steht es mit einigen Fragen, die die äußere Ordnung des Schullebens und seine finanzielle Sicherstellung betreffen.

Zwar über den Schulzwang bedarf es auch keiner Worte mehr. Als absoluter ist er undurchführbar, als bedingter, wie in Kamerun, hat er seine Bedenken, doch kann er in entwickelten Kulturgebieten in einem Übergangsstadium zum unbedingten Schulzwang hinüberleiten und durch die moralische Stärkung der Schulen, die er verleiht, sehr heilsam werden.

Aber da zur äußeren Ordnung des Schullebens auch die Ferienordnung gehört und wir diese bisher nur flüchtig gestreift haben, ist hier etwas größere Ausführlichkeit notwendig. Die Ferienordnungen unserer kolonialen Schulen bilden ein Kaleidoskop in ihrer bunten Abwechselung. Es liegt auch gar keine Möglichkeit und gar keine Veranlassung vor, hier zu uniformieren oder zu nivellieren. Es ist auf viel zu viel dabei Rücksicht zu nehmen; auf Klima und Ernte, auf Überschwemmungen und Regenfälle, auf Landessitte und Urlaubszeiten. Doch könnte ein wenig Obacht auf die erstaunlich großen Differenzen innerhalb eines Bezirkes nicht schaden. Kann schon der verschiedene Beginn des täglichen Unterrichts in einem Schulbezirk zu Unregelmäßigkeiten führen und Unzuträglichkeiten nach sich ziehen, wieviel mehr eine Verschiedenheit der Ferienordnung. Die für die Regierungsschulen in Ostafrika gegebene Bestimmung, nach der die Schulferien so zu legen sind, daß sie den Schülern eine Erholungszeit, den Eltern eine Hilfe in der Erntezeit bieten, erscheint mir gesund. Wenn man sie allgemein befolgt, dazu die großen christlichen Feste und die vaterländischen Gedenktage schulfrei sein läßt, dann wird sich eine Einheitlichkeit der Ferienordnung von Bezirk zu Bezirk schon selbst bilden, ohne daß es dazu besonderer Erlasse bedarf.

Wichtiger ist die finanzielle Sicherstellung des Schulbetriebes. Wir finden zu diesem Zweck Ansätze zur Schulgelderhebung in allen Schutzgebieten, sowohl bei Missions- wie bei Regierungsschulen und sowohl in der Form von Geldzahlung wie in der Form von planmäßiger Arbeit, deren Ertrag den Schülern gutgerechnet wird. Es ist das ein Beweis, daß weder die Missionen noch die Gouvernements die Absicht haben, die Kosten für den kolonialen Schulbetrieb dauernd auf ihre eigene Kasse zu übernehmen. Sie arbeiten vielmehr systematisch daran, die Schulunterhaltungspflicht auf die Eingeborenen zu schieben. Vorläufig sind sie allerdings kaum über die ersten Anfänge hinaus. Den niedersten Satz von Schulgeld finde ich in Ostafrika in der Betheler Mission in Bumbuli, wo die Mädchen, und bei der Africa Inland Mission, wo alle Schüler je 2 Heller im

Monat zahlen müssen. Den höchsten Satz zeigt naturgemäß die Deutsch-Chinesische Hochschule in Tsingtau mit 35 Dollar jährlich Schulgeld auf der Unterstufe und 50 Dollar auf der Oberstufe. Zum Teil sind die Verhältnisse so weit entwickelt, daß die Erhebung von Schulgeld kaum mehr Schwierigkeiten machen würde. So sagt z. B. der Präfekt der Steyler Mission in Togo: „Schulgeld zu erheben wäre an den Haupthandelsplätzen, an denen die Eingeborenen leicht Geld verdienen und auch wirklich haben, nicht allein möglich, sondern für die Erziehung wichtig: denn der Eingeborene schätzt im allgemeinen nur das, was Opfer kostet. Sollte dies aber geschehen, so müßte einheitlich vorgegangen werden, d. h. es dürften nicht allein die Missionsschulen Schulgeld erheben, sondern auch die Regierungsschulen, die bisher jährlich Tausende für die Beköstigung, für Stellung der nötigen Schulutensilien und Geschenke an Schüler, um solche zu erhalten, ausgegeben haben".

Das scheint mir ein sehr wichtiger Hinweis zu sein, den zu befolgen eine der nächsten Aufgaben der Schulpolitik sein müßte. Ja man sollte, wie ich in den Ausführungen über die Arbeitserziehung forderte, noch einen Schritt weitergehen, und die Schulgemeinden, die sich bilden, außer zur Herstellung und Unterhaltung der Schul- und Lehrerhäuser, was überwiegend Gewohnheit ist, auch zur Aufbringung des Lehrergehaltes und der Mittel für den Schulbetrieb anhalten, indem man sie veranlaßt, für jede Schule eine Schulfarm anzulegen, die vom Lehrer und den Schülern, wenn nötig mit gelegentlicher Unterstützung der Dorfschaft, beackert und bestellt wird und deren Ertrag der Schulunterhaltung dient. Man denke nur an die schnelle Ausdehnung des kolonialen Schulwesens in den letzten zwanzig Jahren. Wo soll das hinaus? Die Kosten für ein so rapides Wachstum können weder die Missionen noch die Kolonialregierungen übernehmen, wohl aber setzt der wachsende Wohlstand die Eingeborenen in die Lage, die Schullasten immer mehr zu übernehmen, und die Schulfarmen bieten ein gutes Mittel, das Bewußtsein um den gemeinsamen Besitz an der Schule und daraus hervorquellend das Bewußtsein um die gemeinsame Verantwortung für die Schule zu wecken.

Ein sehr wichtiger Schritt zu diesem Ziele hin wäre es, wenn die Regierungs- und Missionsschulen ihre Aufnahmebedingungen auch in finanzieller Hinsicht gleichstellen könnten. Jedenfalls sollte eine ihre Mittel bewußt wählende Schulpolitik mit allen Kräften dahin wirken, daß die Schullasten auf die Eingeborenen als die Nutznießer der Schulen gelegt werden.

Eine weitere finanzielle Erleichterung der Schulleitungen könnte dadurch erreicht werden, daß die Lehrmittel, soweit nicht konfessionelle Abwandlungen unbedingt nötig sind, gemeinsam verfaßt, gemeinsam hergestellt und gemeinsam benutzt werden. Es ist schlechterdings nicht einzusehen, warum Rechenbuch, Sachkunde, Heimatkunde, deutsche Grammatik, Grammatik und Lesebuch der Eingeborenensprache, um nur einige Schulbücher zu nennen, in den Schulen der evangelischen und katholischen Missionen und in den Regierungsschulen nicht gemeinsam benutzt werden könnten, vorausgesetzt, daß eine gemeinsame Kommission den Text so festgestellt hat, daß Einwendungen dagegen nicht erhoben werden können. Je größer das Absatzgebiet der Schulbücher, um so billiger die Herstellungskosten, und je billiger die Herstellungskosten, um so leichter die Beschaffung der Schulbücher für die Schüler. Erfreuliche Ansätze zu solchen Übereinkünften liegen vor. Ich erinnere an eine vom Gouvernement von Togo Ende April 1911 herausgegebene Sachkunde oder an die von der Regierung in Deutsch-Ostafrika vorgeschriebenen, vielfach von den Missionen angenommenen Schulbücher in der Suahelisprache. Vielleicht wäre es z. B. möglich, ein gemeinsames deutsches Lesebuch für die Eingeborenenschulen unserer Schutzgebiete herauszugeben, das vom Anschauungskreise des Tropenkindes ausgehend den Übergang zur deutschen Kultur langsam und erzieherisch richtig vermittelt. Hier liegen noch manche ungelöste Aufgaben, die zum Teil erst dann als gemeinsam erkannt werden können, wenn die gemeinsame Arbeit zur Durchführung einer gesunden Schulpolitik eingesetzt hat, und deren Wert für die Folgezeit sich noch gar nicht ermessen läßt. Ich erinnere z. B. an die Schulprüfungen. Je einheitlicher die Lehrmittel, um so leichter ist eine Einheitlichkeit des Prüfungsmodus, um so leichter eine Verständigung über Einzelheiten der Prüfungsaufgabe. Die große Kraft des englischen kolonialen Schulsystems beruht zu einem wesentlichen Teil auf dem System sorgfältig ausgewählter, systematisch ausgearbeiteter, einheitlich über eine ganze Kolonie verbreiteter Textbücher. Wenn wir davon lernen könnten, wäre das wieder ein beträchtlicher Gewinn, der jeder einzelnen Schulleitung zugute käme.

Endlich sollte noch eine Frage Gegenstand steter Aufmerksamkeit und eines möglichst einheitlichen Vorgehens sein, das ist die Ausbildung der eingeborenen Lehrer. Bisher ist es in den am weitesten entwickelten Schulsystemen so, daß zwar die Schüler auf ihre Kenntnisse in der deutschen Sprache geprüft werden, daß aber die Lehrerausbildung ganz in der Initiative der einzelnen Schulleitungen liegt. Infolgedessen fungieren z. T. als Lehrer ganz notdürftig vorgebildete Eingeborene, z. T. haben wir verhältnismäßig tüchtige Seminaristen im Schuldienst. Je unfertiger die Schulsysteme, um so unvermeidlicher sind solche Ungleichheiten, aber wenn man erst so weit ist wie in Togo oder Samoa, wo die Lehrziele der Volks- und der gehobenen Schulen ziemlich einheitlich feststehen, da kann man daran denken, die Grundzüge der Lehrerbildung einheitlich festzustellen. Und es will mir fast richtiger und wirksamer erscheinen, wenn die Schulbeihilfen auch zu Fähigkeiten und Charakter der eingeborenen Lehrer in Beziehung gesetzt werden könnten. Denn wertvoller als der einzelne Schüler, der als Produkt der Schularbeit ins Leben hinaustritt, um zu verwenden, was er gelernt hat, ist zweifellos der Lehrer, der nicht nur für sich selbst steht, sondern der all seine Kenntnisse und Gaben lehrend umsetzt zum Besten der

Kolonien und ihrer heranwachsenden Jugend. In ihm wird in geometrischer Progression fruchtbar, was bei dem gewöhnlichen Schüler in der Vereinzelung bleibt, darum gebührt ihm die Aufmerksamkeit, die moralische und die finanzielle Unterstützung. Die britische Kolonialarbeit ist schon längst zu dieser Erkenntnis durchgedrungen und hat sie in einem recht umständlichen Prüfungs- und Unterstützungssystem nutzbar gemacht. Ich möchte mechanische Nachahmung nicht empfehlen, aber doch meine Gedanken über die Grundzüge einer gesunden kolonialen Schulpolitik nicht abschließen, ohne auf diesen wichtigen Punkt nachdrücklich hingewiesen zu haben. Die Lehrer sind die Brennpunkte des Schullebens, je stärker ihre Wirksamkeit, um so besser der Gesamtertrag der Arbeit. Die Lehrerseminarien sind deshalb zweifellos die Stellen der kolonialen Schularbeit, die unsere Aufmerksamkeit in Zukunft am allerdringendsten herausfordern! Ihr Gedeihen bedeutet das Gedeihen des gesamten Schulwesens in den deutschen Schutzgebieten.

Es ist meine Überzeugung, daß der Satz Rudolf von Iherings: „Die Frage nach den Lebensbedingungen sowohl des Individuums wie der Gesellschaft ist eine Frage der nationalen und individualen Bildung“ auch auf unsere Schutzgebiete und ihre Bewohner Anwendung findet und Anwendung fordert. Ist das aber richtig, dann muß die Schularbeit, wie sie draußen getan wird, mehr als bisher in den Gedankenkreis der Kolonialpolitiker und Kolonialfreunde treten und die Unterstützung finden, die sie verdient, und zwar um so mehr, als die Fülle der Kulturgüter, die das Vordringen unserer kolonisatorischen Arbeit den Kolonialvölkern bringt, für sie in sittlicher, religiöser, rechtlicher und sozialer Beziehung ernste Gefahren in sich schließt, denen vorzubeugen einfach unsere Pflicht ist.

Literaturangaben.

Allgemeine Missions-Zeitschrift, Berlin, Warneck, 1884, 1889, 1913.

Baudert, S., Die evangelische Mission, Leipzig, Teubner, 1913.

Böckheler, N., Theodor Christaller, Schwäbisch Hall, Buchh. für Innere Mission, 1897.

Denkschrift über die Entwickelung der Schutzgebiete in Afrika und der Südsee, 1906 ff., und Die deutschen Schutzgebiete in Afrika und der Südsee, 1909 ff., Berlin, Mittler.

Deutsche Kolonial-Zeitung, Berlin, 1911.

Gerstmeyer und Köbner, Die Deutsche Kolonialgesetzgebung, Bd. 13, Berlin, Mittler, 1910.

Koloniale Monatsblätter, Berlin, Haude & Spener, April 1913.

Koloniale Rundschau, 1912 ff., Berlin, Dietrich Reimer.

Lattmann, Die Schulen in unseren Kolonien, Berlin, Süsserott.

Meyer, Hans, Das Deutsche Kolonialreich, Leipzig und Wien, Bibliograph. Institut, 1910.

Mirbt, C., Mission und Kolonialpolitik, Tübingen, Mohr, 1910.

Monatsblätter und Jahresberichte der in den Deutschen Schutzgebieten arbeitenden Missionen.

Mott, John R., Die Entscheidungsstunde der Weltmission, 3. Aufl., Basel, Missionsbuchhandlung, 1914.

Paul, Carl, Die Mission in unseren Kolonien, Bd. 1—4, Leipzig, Richter, Dresden, Ungelenk, 1898—1908.

Paul, Carl, Das Schulwesen in unseren Kolonien, Aus der Schule für die Schule, 1907.

Paulsen, F., Das deutsche Bildungswesen, 3. Aufl., Leipzig, Teubner, 1912.

Richter, Julius, Indische Missionsgeschichte, Gütersloh, Bertelsmann, 1906.

Richter, Julius, Nordindische Missionsfahrten, Gütersloh, Bertelsmann, 1903.

Schlunk, M., Die Norddeutsche Mission in Togo, Bd. 1 und 2, Bremen, Nordd. Mission, 1910 und 1912.

Schlunk, M., Die Schulen für Eingeborene in den deutschen Schutzgebieten, Bd. 18 der Abhandlungen des Hamburgischen Kolonialinstituts, Hamburg, L. Friederichsen & Co., 1914.

Schmidlin, J., Die katholischen Missionen in den deutschen Schutzgebieten, Münster, Aschendorff, 1913.

Verhandlungen der neunten kontinentalen Missions-Konferenz, Berlin, Warneck, 1897.

Verhandlungen des deutschen Kolonial-Kongresses, 1902, 1905, 1910, Berlin, Dietrich Reimer.

Warneck, G., Evangelische Missionslehre, Bd. III., 2, Gotha, F. A. Perthes, 1900.

Washington, Booker, T., Handarbeit, Berlin, Dietrich Reimer, 1913.

Wilde, M., Schwarz und Weiß, Berlin, Buchh. der Berliner Mission, 1913.

World Missionary Conference, 1910, Report of Commission III, Education in Relation to the Christianisation of National Life, Edinburgh, Oliphant, Anderson, Ferrier, 1910.

Ziegler, Th., Allgemeine Pädagogik, 3. Aufl., Leipzig, Teubner, 1909.

Zorn-Sassen, Deutsche Kolonialgesetzgebung, 2 Aufl., Berlin, Guttentag, 1913.

FSC
www.fsc.org
MIX
Papier | Fördert gute Waldnutzung
FSC® C083411

Zeitfracht Medien GmbH
Ferdinand-Jühlke-Straße 7
99095 Erfurt, Deutschland
produktsicherheit@kolibri360.de